无价湿地

中国湖沼湿地
生态系统服务及其评价

崔丽娟　马牧源　张曼胤

- 主编 -

Ecosystem Services and
Their Evaluation of
**Lake and Marsh Wetlands
in China**

中国林业出版社
·北京·

图书在版编目（CIP）数据

中国湖沼湿地生态系统服务及其评价 / 崔丽娟，马
牧源，张曼胤主编 . — 北京：中国林业出版社，2018.6
（"无价湿地"系列丛书）
ISBN 978-7-5038-9655-2

Ⅰ.①中… Ⅱ.①崔… ②马… ③张… Ⅲ.①湖泊—
沼泽化地—生态系 Ⅳ.① P942.078

中国版本图书馆 CIP 数据核字（2018）第 150033 号

中国林业出版社·林业分社
责任编辑：于界芬　于晓文

出版发行　中国林业出版社（100009　北京西城区德内大街刘海胡同7号）
网　　址：http://www.forestry.gov.cn/lycb.html
电　　话：（010）83143542　83143549
印　　刷：河北京平诚乾印刷有限公司
版　　次：2021 年 1 月第 1 版
印　　次：2021 年 1 月第 1 次
开　　本：710mm×1000mm　1/16
印　　张：18.75
定　　数：317 千字
定　　价：98.00 元

《湖沼湿地生态系统服务及其评价》
编写组

无价湿地

| 主编 | 崔丽娟 马牧源 张曼胤

| 编者 |
（按姓氏笔画排序）

马牧源 王昌海 毛旭锋 江 波
李 伟 肖红叶 宋洪涛 张 玲
张骁栋 张曼胤 张翼然 欧阳志云
周文昌 周德民 庞丙亮 赵欣胜
郭子良 崔丽娟 康晓明 潘 旭

前　言

▲▲▲▲▲▲▲▲▲▲▲

　　湿地与人类的生存、繁衍、发展息息相关，是自然界最富生物多样性的生态景观和人类最重要的生存环境之一，与森林、海洋一起并称为全球三大生态系统。按照湿地生态系统对人类社会的支持与服务功能来划分，湿地生态系统服务可划分为供给、调节、文化和支持四大类型（Millennium Ecosystem Assessment，2003）。在抵御洪水、调节径流、蓄洪防旱、控制污染、调节气候等方面有其他系统不可替代的作用。Costanza 等 13 位专家于 1997 年发表在《Nature》杂志上的一篇文章指出，全球各类湿地的服务价值高达14.9 万亿美元，占全部自然生态系统服务总价值的 45%，仅次于海洋生态系统。然而由于人为开垦与改造、污染物排放、泥沙淤积和水资源不合理利用等原因，我国湿地正不断退化甚至消失，湿地生物多样性减少、水土流失加剧、水旱灾害频繁，湿地生态系统多种服务被削弱，给我国社会经济造成了巨大的直接或间接的损失。

　　我国湖沼湿地分布广泛、面积巨大，全国首次湿地资源普查显示，湖沼湿地总面积约为 $2205.18 \times 10^4 \text{hm}^2$，约占自然湿地面积的 61%。随着经济的发展，我国湖沼湿地面积正不断减少，自 1970 年以来，不同程度退化减少的消失型和萎缩型湖沼湿地高达 72%。消失型和萎缩型湖沼湿地在全国各地均有分布，尤其以华南沿海地区和东部平原区的长江中下游更为明显。因此，开展湖沼湿地生态系统服务评价研究具有重要的意义，并且极具必要性和紧迫性。

本书提出了适宜湖沼湿地的生态服务评价指标体系和评价方法，构建了湖沼湿地生态服务评价去重复性计算的理论框架和概念模型，定量描述和评估了典型湖沼湿地生态服务价值及驱动因素，并通过整合分析法进行尺度上推，对我国湖沼湿地生态服务价值进行了核算。

本书由崔丽娟拟定大纲。全书共分 8 章，各章具体分工：前言由崔丽娟、马牧源、张曼胤撰写；第一章由崔丽娟、马牧源、张骁栋撰写；第二章由崔丽娟、马牧源、张曼胤、张骁栋、欧阳志云、江波撰写；第三章、第四章、第五章由崔丽娟、张曼胤、马牧源、潘旭、欧阳志云、江波、庞丙亮、王昌海、宋洪涛、康晓明、李伟、周文昌、毛旭峰、肖红叶撰写；第六章由张曼胤、庞丙亮、马牧源、赵欣胜、郭子良撰写；第七章由欧阳志云、江波、崔丽娟、赵欣胜、李伟撰写；第八章由崔丽娟、张曼胤、马牧源、李伟、周德民、张翼然、张玲撰写。全书由崔丽娟、张曼胤、马牧源负责统稿。

本书的出版得到了林业公益性行业科研专项重大项目"典型湖沼湿地生态系统服务功能评价研究"项目（201204201）的资助。

本书的主体内容来源于项目的相关研究报告，部分内容来源于研究生毕业论文。书中少部分阶段性成果已在国内外有关刊物发表。

虽然作者试图在参考文献中全部列出并在文中标明出处，但难免有疏漏之处，我们诚挚希望有关同行专家和读者提出宝贵意见。由于作者水平有限，对于湖沼湿地生态服务的理解有待深入，恳请读者朋友批评指正。

崔丽娟

2019.11.1

于中国林业科学研究院湿地研究所

目 录

第二章
湖沼湿地生态系统服务评价的理论基础

第三章

湖沼湿地生态系统服务评价指标体系的建立

第六章
沼湿地生态系统服务价值评价案例

第七章
湖沼湿地生态系统服务变化及其驱动机制

第八章
全国湖沼湿地生态系统服务价值评价

第 一 章

绪　论

▲▲▲▲▲▲▲▲▲▲▲

崔丽娟　摄

湿地是重要的自然资源，与森林、海洋一起并称为地球三大生态系统，具有涵养水源、净化水质、蓄洪防旱、调节气候、美化环境和维护生物多样性等重要生态功能，被誉为"地球之肾""鸟的乐园""天然水库"和"天然物种基因库"。然而，目前湿地已成为地球上受威胁最严重的生态系统之一，许多湿地正经历着退化和丧失的过程，直接威胁人类的生存与发展。2005年联合国发布的《千年生态系统评估报告》显示，湿地退化与森林大面积消失、土地沙漠化扩展、物种加速灭绝、水土严重流失、干旱缺水普遍、洪涝灾害频发以及全球气候变暖并列为全球面临的八大生态危机。据2009~2013年的全国第二次湿地资源调查显示，10年间中国湿地面积减少了 $339.63 \times 10^4 \, hm^2$，形势严峻。湿地的生态环境改善是中国生态文明建设的重要部分，关系着全国13亿人口的生计。保护湿地生态系统和湿地资源对改善生态环境、实现人与自然的和谐以及促进经济社会可持续发展具有十分重要的意义。

第一节　　中国湖沼湿地概况

中国是全球拥有湿地生物多样性最丰富的国家之一，同时也是亚洲国家中湿地面积最大、数量最多的国家。中国有着丰富多样的湿地类型，包括沼泽、泥炭地、湖泊、河流、河口湾、海岸滩涂、盐沼、水库、池塘、稻田等各种湿地，涵盖《关于特别是作为水禽栖息地的国际重要湿地公约》（以下简称《湿地公约》）中所有湿地类型。

湖泊湿地是指湖泊岸边或浅湖发生沼泽化过程而形成的湿地，根据《湿地公约》和《湿地保护管理规定》定义，湖泊湿地还包括湖泊水体本身。不同的学者对于湖泊的定义有着不同的看法，归纳起来围绕着以下两个因素：一是封闭或半封闭的陆上洼地；二是洼地中所蓄含的水体。我国天然湖泊湿地遍布全国，无论高山与平原，大陆或岛屿，湿润区还是干旱区都有天然湖泊的分布，就连干旱的沙漠地区与严寒的青藏高原也不乏湖泊的存在。各民族对湖泊的习惯称谓也有所不同。太湖流域称荡、漾、塘和汛；松辽地区称泡或咸泡子；内蒙古称诺尔、淖尔或海子；新疆称库尔或库勒；西藏称错或茶卡。我国现有湖泊湿地 $859.38 \times 10^4 \ hm^2$，占我国湿地总面积的 18.41%，其中包括地球上海拔最高的大型湖泊纳木错（湖面海拔 4718 m）和海拔最低的艾丁湖（湖面海拔 −154 m）。我国湖泊湿地主要分布于长江及淮河中下游地区、黄河及海河下游和大运河沿岸、蒙新高原地区、云贵高原地区、青藏高原地区、东北平原地区与山区。其中青藏高原、长江中下游平原的湖泊分布最密集。湖泊湿地分布以大兴安岭—阴山—贺兰山—祁连山—昆仑山—冈底斯山线为界，此线东南为外流湖区，以淡水湖泊为主。此线西北为内陆湖区，以咸水湖或盐湖为主，湖泊位于封闭或半封闭的内陆盆地之中（王苏民等，1998）。

沼泽湿地是地表过湿或有薄层积水，土壤水分几乎达到饱和，并有泥炭堆积，生长着喜湿性和喜水性沼生植物的地。沼泽的形成和发育是自然地理环境因素综合作用的产物，与地质地貌、气候、水文、植被、土壤等环境因素息息相关。但是不同学者关于沼泽的定义有着不同的理解。沼泽是一种特殊的自然综合体，它具有 3 个相互联系、制约的基本特征（赵魁义，1999）：①受淡水或盐水、咸水的影响，地表常有过湿或有薄层的积水；②生长着沼生或部分湿生、水生或盐生的植物；③有泥炭积累或无泥炭积累而仅有草根层或腐殖质层，但土壤剖面中均有明显的潜育层。我国是世界上沼泽最丰富的国家之一，沼泽湿地面积 $2173.29 \times 10^4 \ hm^2$，占我国湿地总面积的 46.56%。沼泽不仅面积大、类型多，且发育典型、分布广泛。沼泽湿地主要分布于东北平原、大小兴安岭和青藏高原，而盐沼主要分布于西北干旱半干旱区和滨海地区。

湖沼湿地是湖泊湿地与沼泽湿地的统称，囊括了除河流湿地外的所有内陆湿地，其广泛的分布及特殊的生态特征具有巨大的环境调节功能和效益。

第二节   湖沼湿地分区

一、中国湖泊地理分区

我国地域辽阔，自然环境区域分异明显，从而使我国的湖泊特征相应呈现出显著的区域性差异。根据自然环境差异、湖泊资源开发利用和湖泊环境整治的区域特点，可将我国划分为东部平原地区、蒙新高原地区、云贵高原地区、青藏高原地区和东北平原地区及山地5个自然湖泊分布区（王苏民，1998；马荣华等，2011）。

1. 东部平原湖区

东部平原湖区，主要指长江及淮河中下游、黄河及海河下游和大运河沿岸的大小湖泊分布区域，是我国湖泊分布密度最大的地区之一。行政区域包括江西、湖南、湖北、安徽、河南、江苏、上海、山东、河北、北京、天津、浙江、台湾、香港、澳门、海南、福建、广东、广西等省份。我国著名的五大淡水湖——鄱阳湖、洞庭湖、太湖、洪泽湖和巢湖位于本区。其中，长江中下游平原及三角洲地区水网交织、湖泊星罗棋布，呈现一派"水乡泽国"的自然景观。本区湖泊在成因上受地质构造上的沉降作用影响，一直以河湖交替相的沉积为主，其个体成因多与河流水系的演变有关，地处长江中游的江汉湖群及洞庭湖、黄大湖、泊湖等系长江干流河床的南迁摆动而形成；位于淮河中下游地区的城东湖、瓦埠湖、南四湖、洪泽湖等系黄河南泛夺淮的结果。在长江三角洲及沿海平原地区的一些湖泊，如太湖、淀山湖以及由古射阳湖分化解体出来的蜈蚣湖、大纵湖、得胜湖等，其形成与发展除与河流水系演变有密切关系外，还与沿海滩涂的发育及海岸线的变迁有着直接的联系。

2. 蒙新高原湖区

蒙新高原湖区或称西北干旱湖区，包括内蒙古、新疆、甘肃、宁夏、陕西、山西等省份。该区地貌以波状起伏的高原或山地与盆地相间分布的地形结构为特征，河流和潜水向洼地中心汇聚，一些大中型湖泊往往成为内陆盆地水系的尾闾和最后归宿地，发育成众多的内陆湖。同时有个别湖泊属于外流湖，如额尔齐斯河上游的哈纳斯湖、黄河河套地区的乌梁素海等。该区属内陆，气候干旱、降水稀少，地表径流补给不丰，蒸发强度较大，超过湖水的补给量，湖水因不断被浓缩而发育成闭流类的咸水湖或盐湖。其中，在鄂尔多斯高原、准格尔盆地和塔里木盆地，咸水湖和盐湖分布相对集中。但本区也有一些微咸湖，如岱海、呼伦湖等，由于湖水位波动幅度较大，湖形张缩多变。在沙漠区边缘地带多有风成湖分布，这些湖泊多是面积很小的小型湖泊，湖水浅，湖水补给以地下潜水形式为主，一遇沙暴侵袭，湖泊即可迅速被流沙所湮埋。

3. 云贵高原湖区

云贵高原湖区包括云南、贵州、四川和重庆等省份。该区域纬度较低，属印度洋季风气候区，年内干湿季节转换明显，降水主要受夏季风即西南季风控制，湖泊水位随降水量的季节变化而变化；湖水清澈，矿化度不高，全系吞吐型淡水湖，冬季无冰情出现。该区湖泊的空间分布格局深受构造与水系的控制。区内一些大的湖泊都分布在断裂带或各大水系的分水岭地带，如滇池位于金沙江支流普渡河的上游和南盘江的源头，抚仙湖和洱海分别位于南盘江的源头及红河与漾濞江的分水岭地带。湖泊水深岸陡，湖泊滩地发育远不如东部平原的湖泊。我国的第二深湖——抚仙湖即位于本区，平均水深 87 m，其他如泸沽湖、阳宗海、洱海、程海等的平均水深也都在 10 m 以上。入湖滞留水系较多，而湖泊的出流水系普遍较少，有的湖泊仅有一条出流河道，湖泊尾闾落差大，水力资源较丰富。湖泊换水周期长，生态系统较脆弱。此外，该区岩溶地貌分布较广，经溶蚀作用而形成的岩溶湖也甚为典型，草海即是我国最大的岩溶湖。这类湖泊的入流和出流往往与地下暗河直接相连，湖泊水位年变幅较小。

4. 青藏高原湖区

青藏高原湖区主要位于青海和西藏。该区气候严寒干旱，冬季湖泊冰封期较长，降水稀少，冰雪融水是湖泊补给的主要来源。湖泊水情虽有季节性变化，但水位变幅普遍较小，年内变幅一般不超过50 cm。该区湖泊成因类型复杂多样，但大多是发育在一些和山脉平行的山间盆地或巨型谷地中，其中大中型的湖泊如纳木错、色林错、玛旁雍错等都是由构造作用所形成，湖盆陡峭，湖水较深。只有一些中、小型湖泊分布在崇山峻岭的峡谷区，属冰川湖或堰塞湖类型。湖泊深居高原腹地，以内陆湖为主，湖泊多是内陆河流的尾闾和汇水中心，但在黄河、雅鲁藏布江、长江水系的河源区，由于晚近地质时期河流溯源侵蚀与切割，仍有少数外流淡水湖存在，如黄河上游的扎陵湖、鄂陵湖，即是本区两大著名淡水湖。

5. 东北平原地区及山地湖区

东北平原地区及山地湖区包括辽宁、吉林和黑龙江三省，地处温带湿润、半湿润季风型大陆性气候区。夏短而温凉多雨，6~9月的降水量占全年降水量的70%~80%，汛期入湖水量颇丰，湖泊水位高涨；冬季寒冷多雪，湖泊水位低枯，湖泊封冻期较长。东北地区三面环山，中间为松嫩平原和三江平原，在平原地区有大片湖沼湿地分布，发育大小不一的湖泊，当地称为泡子或咸泡子。这类湖泊的成因多与近期地壳下沉、地势低洼、排水不畅和河流的摆动等因素有关。湖泊具有面积小、湖盆坡降平缓、现在沉积物深厚、湖水浅、矿化度高等特点。分布于山区的湖泊，其成因多与火山活动关系密切，形成典型的熔岩堰塞湖，如镜泊湖和五大连池等。前者是牡丹江上游河谷经熔岩堰塞而形成，为我国面积最大的堰塞湖；后者是在1920~1921年由老黑山和火烧山喷出的玄武岩流，堵塞讷谟尔河的支流——白河，并由石龙河贯串5个小湖。长白山天池（中朝界湖）是经过数次熔岩喷发而形成的典型火山口湖，也是我国第一深湖，最大水深373 m。

二、中国沼泽地理分区

沼泽在地理空间上的分布，主要取决于形成沼泽的水热条件，而水热条件既受纬度地带性因素的制约，也受海陆分布、地质地貌等非地带性因素影响。因此，作为自然综合体的沼泽，在地理分布和类型特征上，既显示出地带性规律，又非地带性或地区性规律。同时沼泽与周围地带的生态环境又有着密切联系，有着物质循环和能量转换，以及物理、化学和生物等方面的相互作用。在特定环境下，沼泽分布表现出纬度地带、经度地带和垂直地带的分布规律。这种规律制约了沼泽的空间布局，使其在一定的空间范围内表现出一定的类型聚合。根据以上沼泽分布特征，《中国沼泽志》将我国的沼泽湿地分为东北山地落叶松—灌丛—泥炭藓沼泽区，东北三江平原薹草沼泽区，松嫩—蒙新盐沼、薹草、芦苇沼泽区，闽粤沿海山地芦苇、红树林沼泽区，南方高原山地沼泽区，长江中下游平原芦苇沼泽区，华北平原沼泽区，青藏高原沼泽区等8个大区（郎惠卿等，1983；赵魁义等，1999）。

1. 东北山地落叶松—灌丛—泥炭藓沼泽区

位于中国北纬40°以北的高纬区，包括大小兴安岭和长白山脉。山地属中温带—亚寒带气候，年平均气温 -4 ~ 8 ℃，年降水量 400~1000 mm，具有冷湿性质，垂直变化明显。大兴安岭北段发育有多年冻土，小兴安岭有岛状永冻层，长白山顶部发育有苔原。大小兴安岭的宽谷、缓坡和长白山地的玄武岩台地和丘陵，都有利于沼泽发育，冻层存在对沼泽形成也有促进作用。该区可分为3个亚区：大兴安岭落叶松—偃松—泥炭藓亚区、小兴安岭落叶松—细叶杜香—泥炭藓沼泽亚区和长白山脉薹草沼泽和落叶松—笃斯越橘—藓类沼泽亚区。

本区总体上属于淡水沼泽，草本沼泽居多。小兴安岭沼泽丰富，泥炭层更厚。本区沼泽有富营养型8种：薹草沼泽、芦苇—薹草沼泽、灌丛桦—薹草沼泽、落叶松—薹草沼泽、芦苇沼泽、柳叶绣线菊—薹草沼泽、小叶章—薹草沼泽。富营养型沼泽基本都有泥炭积累，泥炭层厚 0.5~1.0 m，最厚可达 9 m。本区有中营养沼泽2种：落叶松—笃斯越橘—泥炭藓沼泽和落叶松—狭叶杜香—泥炭藓沼泽。中营养沼泽分布最广，贫营养沼泽只有泥炭藓沼泽1种，形成藓丘。

2. 东北三江平原薹草沼泽区

位于中国东北隅，由黑龙江、松花江和乌苏里江汇流冲击而成，称为三江平原，地理坐标为 45° ~ 48° N、115° ~ 120° E。该平原由完达山北侧的的狭义三江平原和南侧的穆棱—兴凯平原两部分组成，总面积 $5.1 \times 10^4 \text{ km}^2$。区内沼泽分布很不平衡，主要分布在富锦—宝密山一线以东地区，占沼泽总面积的 80% 左右。随着大量垦殖，沼泽呈迅速缩小之势。该区沼泽以淡水薹草沼泽为基本类型，其中多数为无泥炭层的潜育沼泽，约占总面积的 60%，广泛分布于河间地及泛滥地上；泥炭沼泽仅局限于稳定积水的河床、古河道及洼地中心，泥炭层一般厚度小于 1 m，最厚 3~4 m。

三江平原的主要沼泽类型有毛果薹草沼泽、漂筏薹草沼泽、芦苇沼泽、乌拉薹草—灰脉薹草沼泽及薹草—小叶章沼泽等 5 种。其中，以毛果薹草沼泽占优势，成为三江平原沼泽的特色，另外芦苇沼泽在挠力河流域也十分广泛。

3. 松嫩—蒙新盐沼、薹草、芦苇沼泽区

该区西侧与西北高原沼泽区接壤，东部与东北山地、平原沼泽区和华北平原相邻，北自呼伦贝尔西部国境线，南达渭河谷地。该区横跨 11 个省份，相当于中国北部和西北部干旱和半干旱带。它由松辽平原、内蒙古高原、黄土高原和西北塔里木等三大盆地组成。其共同特征是它们连续地构成中国北部和西北部盐碱沼泽分布区，基本沼泽类型单调，主要为薹草沼泽和芦苇沼泽，在沼泽中混生有草原植物和耐盐植物。泥炭层呈中性或微碱性，大多数不发育泥炭层。该区可分为 3 个亚区：松辽平原薹草—芦苇沼泽亚区，内蒙古高原—黄土高原薹草、芦苇沼泽亚区，西北沙漠盆地沼泽亚区。

4. 闽粤沿海山地芦苇、红树林沼泽区

本区包括北回归线以南的热带丘陵山地和海岸带，气候湿热，水网丰富。河谷普遍发育沼泽，特别是热带沿海，独特的环境形成独特的类型。在河谷地带，常见有岗松和鳞子莎沼泽，有薄层沼泽。伴生的草本植物多属热带种属，如猪笼草和寻灯草。河漫滩上则分布着芦苇沼泽，高达 5~6 m。自温州瑞安以南至湛江、北海间的弧形海岸带（包括台湾岛和海南岛）分布着红树林沼泽，土壤为厚层淤泥。红树林有时可沿入海的江河上溯，如广西钦江的红树林上溯了 20 km。

5. 南方高原山地沼泽区

该区与中亚热带沼泽分布带基本相符，包括华中丘陵山地、华南丘陵山地、秦巴山地及云贵高原 4 个地区，面积广大。热而湿润的气候条件和山地、高原的地貌条件

相结合，发育了独特的沼泽类型，在高原区主要为薹草沼泽和芦苇沼泽，在山地主要为藓类泥炭沼泽。受地形影响，该区沼泽面积较小，但富营养沼泽分布较广，从沿海平原到海拔 2600 m 的高山都有分布。同一山体内沼泽类型的分布高程有垂直分异现象，如黄山处于 1200 m 处为中营养型薹草、泥炭藓沼泽；1600 m 处为贫营养型泥炭藓沼泽。1200 m 以下的山体，由于陡峭和人类活动的影响，没有沼泽发育。该区可划分为 3 个沼泽亚区：江南丘陵山地泥炭藓沼泽亚区、云贵高原薹草—芦苇沼泽亚区和秦巴山地—四川盆地华刺子莞—泥炭藓沼泽亚区。

6. 长江中下游平原芦苇沼泽区

本区北起淮河，南至江南丘陵，西至秦巴山地，东临东海，属于长江水系形成的冲积、湖积平原。区内地势低平，湖泊众多，著名的洞庭湖、鄱阳湖、太湖等均分布于此。年平均气温 16 ℃左右，年降水量为 1200~1600 mm，平原地貌与丰沛的降水相结合，为沼泽发育提供了优越条件，因而是我国古沼泽最发育的地区之一。由于几千年的垦殖，大量天然沼泽已变为水田为主的人工沼泽，仅在一些湖区和河漫滩地分布有天然沼泽。沼泽的基本类型为淡水芦苇沼泽，其次有淡水薹草沼泽，泥炭层不甚发育，如鄱阳湖区的刚毛荸荠—薹草沼泽、酸模叶蓼沼泽等。目前以洞庭湖、长江三角洲、太湖、杭嘉湖区芦苇沼泽分布最广，其中以洞庭湖区芦苇沼泽面积最大。此外，长江口崇明岛东部分布有滩涂沼泽。

7. 华北平原沼泽区

本区位于淮河以北，是由黄河、淮河、海河、辽河、滦河等许多河流淤积而成的广阔平原。沼泽类型以芦苇沼泽为主，还分布有小面积的薹草沼泽和菖蒲沼泽。该区系由黄河与淮河冲积而成的低平原，河流改道频繁，留下大量故道，地形低洼，常储水成湖或过湿，有利于沼泽发育。本区降水量平均 800 mm，黄河下游仅 600 mm 左右，较长江中下游区明显偏干，再加上人为的长期开发垦殖，天然沼泽区面积很小。其中主要沼泽分布区为鲁西湖畔（微山湖、独山湖、昭阳湖和南阳湖）的湖滩地带，主要为芦苇沼泽；海河流域的白洋淀是较大的芦苇沼泽分布之一；沿海的一些泻湖，如山东荣成市龙须岛也发育有芦苇沼泽，土壤泥炭层厚度 <0.5 m。燕山山麓带形成许多湖泊洼地，周围发育小面积芦苇沼泽，如丰润县油葫芦泊的芦苇沼泽，沼泽中的

植物还有针蔺和薹草，泥炭层厚 0.5~0.7 m。

8. 青藏高原沼泽区

青藏高原是世界上最高大、最年轻的高原，是南北两极之外的第三极——高极。它北以昆仑山、阿尔金山和祁连山为界，南至喜马拉雅山脉，西为帕米尔高原，东临黄土高原和四川盆地，占国土面积的 1/4。第三纪以来的强烈隆起，使它达到巨大高度，平均海拔 4500 m。高海拔导致气候寒冷，大多数地区年平均温度在 0℃以下，发育有世界上面积很大的低纬多年冻土。年平均降水量一般在 400 mm 以下，显示干旱特征。这些因素综合作用，使该区南北 2 个边缘区为高原温带气候，中腹广大地区为高原亚寒带，西端为高原寒带。独特的自然环境，使该区沼泽广泛发育，是中国沼泽面积最大的地区，并形成以西藏嵩草沼泽、木里薹草沼泽等为特色的淡水嵩草—薹草沼泽类型。受气候和地形的影响，沼泽在高原的分布极不均衡。沼泽在高原东部分布较为广泛，面积亦较大，而在西部分布极少。沼泽形成主要是草甸沼泽化，其次为湖泊沼泽化。本区沼泽可划分为 6 个亚区：若尔盖高原亚区；川、滇西部山地薹草—灌丛沼泽亚区；黄河、长江、怒江、澜沧江河源灌丛—嵩草沼泽亚区；藏南谷地西藏薹草—嵩草沼泽亚区；藏北高原薹草沼泽亚区；柴达木盆地—青海湖沼泽亚区。

第三节　　湿地生态系统服务

　　生态服务是指生态系统与生态过程所形成及所维持的人类赖以生存的自然条件与效用。湿地以及湿地生态系统服务功能为人类提供生存环境、基本物质、健康及社会文化关系等。湖沼湿地生态系统服务功能多种多样，且因其类型、环境特征、所处的自然地理与社会经济条件的不同而具有明显的效益和价值差异（William and Gosselink，2007）。

一、湿地的生态服务功能

　　湖沼湿地具有保持水源、净化水质、蓄洪防旱、调节气候等重要生态功能，也是生物多样性的富集地区，庇护了许多珍稀濒危野生动植物，为美丽中国建设提供生态保障。

1. 水的贮存库

　　水是地球的生命基础，淡水只占地球上总水量的 2.5%。淡水资源中地表水仅占 0.3%。其中，2% 贮存于河流；11% 贮存于湿地；87% 贮存在湖泊（Oki and Kanae，2006）。我国湿地维持着约 2.7×10^{12} t 淡水，主要分布在河流湿地、湖泊湿地、沼泽湿地和库塘湿地之中，占全国可利用淡水资源总量的 96%（贾治邦，2009）。由于湿地土壤具超强的蓄水性和透水性，是蓄水防洪的天然"海绵"。在洪水时期，湿地能够贮存、滞留降水和地表径流，调节洪水流量。在干旱季节，湿地可将洪水期间容纳的水量向下游和周边地区排放，补充地下水。

2. 天然净化器

湿地具有强大的净化功能，被称为"地球之肾"。湿地水流速度缓慢，有利于污染物沉降，可对污染物质进行吸收、代谢、分解、积累等，从而减轻水体富养化，对大肠杆菌、酚、氯化物、重金属盐类悬浮物等的净化作用十分明显。湿地植物、微生物通过物理过滤、生物吸收和化学合成与分解等把人类排入湖泊、河流等湿地的有毒有害物质吸收和转化，使湿地水体得到净化，从而使环境免受污染。湿地植物对重金属的超富集能力可能超过其他植物数倍以上，可作为重金属污染修复的备选对象（李鸣等，2008）。

3. 缓解气候变化

湿地在全球碳循环中发挥着重要作用。与森林、草原等生态系统相比，湿地具有较高的固碳潜力。全球湿地占陆地面积的 6%，却储存陆地生态系统碳库的 35%，碳储量约为 770×10^8 t，超过农田（150×10^8 t）、温带森林（159×10^8 t）和热带雨林（428×10^8 t）生态系统碳储量的总和（段晓男等，2008）。中国湿地占国土面积 5.58%，土壤碳库碳存储量达 8×10^8~10×10^8 t，约占全国碳储量 10%（张旭辉等 2008）。我国泥炭沼泽湿地中泥炭的积累速率为 0.32 mm/a，1 年中可为我国堆积约 58.47×10^4 t 泥炭，折合 20×10^4 t 有机碳。

4. 调节区域小气候

湿地在增加局地空气湿度、削弱风速、缩小昼夜温差、降低大气含量等气候调节方面都具有明显的作用，是环境微气候的"调节器"。据测定，地处半干旱地区的新疆博斯腾湖湿地周围比远离湿地的地域气温低 3℃，湿度高 14%，沙尘暴天数减少 25%。城市湿地对于调节城市小区域气候作用尤为显著。如北京湿地地上生物量吸收固定二氧化碳和释放氧气分别约为 14.2×10^4 t/a 和 1030×10^4 t/a，其气候调节功能总价值约为 4.39 亿元（杨一鹏等，2013）。

5. 消洪减灾

湿地植被对防止和减轻洪水和海啸对岸带侵蚀起着很大的作用，可大大节约人工加固堤岸的费用。植物根系及堆积的植物体能够稳固基质、削弱海浪和水流的冲力、沉降沉积物。沿海滩涂和河湖滩地，生长有大量红树林、芦苇等湿生植物，天然湿地植被能够稳固基质、减缓水流流速、削弱水流冲力、沉降沉积物等，起到防波固堤护岸和保护农田、鱼塘和村庄的作用。50 m 宽的白骨壤林带，可使 1 m 高的波浪减至 0.3 m以下；红树林对潮水流动的阻碍，使林内水流速度仅为潮水沟流速的 1/10；红树林纵横交错的根系及地上根的发育，使粒径＜0.01 mm 的悬浮物沉积量增大，其淤积速度是附近裸地的 2~3 倍（WWF，1996）。沼泽能使河川径流年内分配平均化，具有显著的调洪作用。中国三江平原的别拉洪河流域沼泽率高达 45%，沼泽自然调节系数为 0.678。三江平原的挠力河中游莱嘴子站由于沼泽的作用夏季洪峰值较上游宝清站减少了 1/2，并可使汛期向后推迟（中国科学院长春地理研究所沼泽研究室，1983）。

6. 重要栖息地

湿地生态系统水源充沛、肥力和养分充足，有利于水生植物和水禽等野生动物生长。水草丛生的环境为野生动物提供了丰富的食物来源和营巢、避敌的良好条件，尤其是为水禽提供了必须的栖息、迁徙、越冬和繁殖场所。根据湿地水鸟地理分布特征，以及中国自然地理环境的地域差异和湿地类型的不同，我国湿地水鸟栖息地可分5 种类型，即：东北沼泽湿地大型涉禽和游禽繁殖与迁徙停歇区；西北和青藏高原草甸沼泽与高原湖泊游禽和大型涉禽繁殖与迁徙停歇区；西南部高原湖泊和湿草甸游禽和大型涉禽越冬与迁徙停歇区；长江中下游淡水湖泊大型涉禽和游禽越冬区；沿海和近海岛屿滨海滩涂湿地鸻鹬类与大型涉禽繁殖越冬与迁徙停歇区。

7. 重要基因库

湿地是物种最丰富的地区之一，能够汇集物种的大量遗传信息，被誉为生物多样性的关键地区。鸟类、鱼类、两栖类、爬行类、哺乳类及植物等生物在湿地繁衍，为许多物种保存了基因特性。一些经济作物的野生亲缘种在湿地中都有分布，这些野生物种的基因具有改善味道和降低病害感染率因子等特性。例如，中国普通野生稻分布于我国 6 个省 110 个县内湿地中，可为水稻杂交育种提供宝贵的基因材料。现代药品中，最畅销的药品都含有从动植物、微生物中提取的有效成分。丰富多样的湿地野生动物毫无疑问担当着"物种基因库"的重任。我国湿地中还拥有众多被称为生物界"活化石"的珍稀物种，如孑遗物种水松（*Glyptostrobus pensilis*）、水杉（*Metasequoia glyptostroboides*）等携带远古时期的信息。像水松、水杉、宽叶水韭（*Isoetes japonica*）、中华水韭（*Isoetes sinensis*）、野大豆（*Glycine soja*）等珍稀物种，它们的分布、生存和延续，对研究古代地理学、地质学和植物系统发育具有重要的科学价值。

二、湿地的社会服务功能

湿地的社会影响作用主要体现在能为人类提供天然产品和开展生态旅游，具有巨大的经济价值；古人流传下来的开发生产方式，能为可持续发展提供思路，是开展教育、科研的重要素材。

1.经济价值

人们对湿地的认识是从她给人们带来的经济价值开始的，具体可以表现：

提供丰富的生物产品。湿地的生物产量很高，可提供鱼、虾、蟹和海藻等水产品，肉食，木材，药材，芦苇造纸材等。

提供水资源。湿地是人类生活用水和工、农业生产用水的主要来源。我国的沼泽、河流、湖泊和水库在输水、储水和供水方面发挥着巨大效益。

提供矿物资源。湿地中贮存有各种矿砂和盐类资源，如中国的青藏地区的碱水湖和盐湖分布相对集中，盐的种类齐全，储量极大。盐湖中除了赋存大量的食盐、芒硝、天然碱、石膏等普通盐类外，还富含硼、锂等多种稀有元素。

提供能源。湿地蕴藏着令人惊叹的能源，比如我国沿海河口港湾巨大的潮汐能，泥炭湿地中采挖泥炭可用于燃烧，湿地中的林草可作为薪材等，这些都是湿地周边农村中重要的能源来源。

提供水运。湿地具有重要的水运价值，促进了沿海沿江地区经济的快速发展。据统计，中国约有 10 万 km 内河航道，内陆水运承担了大约 30% 的货运量。

2. 生态旅游

湿地具有独特的湿地景观资源，使人类更多地了解自然、学习自然、敬仰自然。美国的大沼泽、秘鲁的喀喀湖、澳大利亚的大堡礁等湿地旅游是当地重要的经济活动。湿地观鸟、湿地植物观赏、河口瀑布观赏和湿地教育游等生态旅游在发达国家和地区已非常普及。人与湿地关系密切，各个地方至今还保留了水乡民俗文化。中国湿地博物馆、杭州西溪研究院共同主办的"水调浮家"——西溪民俗文化展向市民展现了西溪湿地的民俗文化，还原西溪每一时代的历史面貌，展出了从西溪生产经营到衣食住行到文化艺术等大量实物，如趟刀、独轮车、千步、菱桶等，还有越剧、武术等传统技艺表演，还原杭州市民记忆里一个真实的西溪。

3. 教育研究基地

湿地中保留着过去和现在的生物、地理等方面的演化信息，在研究环境演化、古地理方面有着重要价值，为教育和科学研究提供了对象、材料和实验基地。在自然湿地中开展湿地野生动植物的调查研究，特别是开展对水禽和鱼类、两栖类的科学观察和研究，对了解和掌握其生物习性、生态系统和食物链结构、生物进化和生物演替过程具有非常重要的意义。可以建立青少年自然科学知识的普及教育基地，充分展示湿地的自然景观和生物之间互惠关系及物竞天择、适者生存的自然法则，培养青少年观察自然、爱护自然和对自然奥秘孜孜不倦的探秘精神。

三、湿地的文化服务功能

湿地是人类文明的摇篮，文化传承的载体，为世界文明的延续和发展做出了重要贡献，是生态文明建设的重要文化和精神源泉之一。

1. 人类赖以生存的家园，孕育古老文明

人类自古逐水而居，灿烂的文化依水而发源。在生产力水平低下的远古时代，人们不得不依赖气候适宜、水源充沛、土地肥沃的湿地耕作生息，聚合部落。纵观古今，人类的文明史就是江河的历史。世界上许多湿地都为养育古代文明提供了可靠的

栖息地，成为孕育人类古老文明的"摇篮"。悠久而伟大的尼罗河造就了光辉灿烂的金字塔古埃及文明，幼发拉底河与底格里斯河是古巴比伦文明的摇篮，恒河和印度河是孕育古印度文明的胎盘，长江与黄河共同创造了华夏文明。西汉《山海经》记载，春秋战国时期的黄河流域有48条河流。古人称湿地为"薮"或"泽"或"海"，《吕氏春秋》记载古代中国有"十薮"，其中大部分在黄河中下游。在这些山泽之间，形成千里沃野，河流两岸肥沃的土地和充足的水源为发展农牧业提供了水利条件，华夏民族原始部落择水而居，创造了灿烂的东方文化。早在旧石器时代，黄河、长江流域就有人类活动的足迹。自殷商至北宋2500年间，黄河流域已经成为中国政治、经济、文化中心，一部中华民族的文明史，就这样伴随着湿地而诞生。没有湿地就没有人类社会的进步与发展，也就没有现代人类的文明与文化。在目睹了自然、生命变迁的同时，湿地也见证了文明、历史的演变。

2. 人类精神的寄托，文化传承的载体

湿地不仅是历史文明的摇篮，还是人类文化传承的载体。古人渔樵耕读的生活方式，赋予了湿地深厚的文化底蕴和独特的文化形态。湿地具有鲜明的文化特征，以其特有的美学、教育、文化、精神等功能，涵盖了音乐、艺术、文学等方面，湿地是鲜活丰富的文化，是人类艺术创作的源泉。中国文学史开篇之作《诗经·关雎》起兴之句就是从湿地说起。中国四大名楼黄鹤楼、岳阳楼、滕王阁、蓬莱阁也都位于湿地或其周边地区，成就了许多流传千古的诗词歌赋。名句"晴川历历汉阳树，芳草萋萋鹦鹉洲。日暮乡关何处是？烟波江上使人愁。"出自唐代诗人崔浩的《黄鹤楼》，寄托了诗人的思乡之情。李清照的《如梦令》以"兴尽晚回舟，误入藕花深处。争渡，争渡，惊起一滩鸥鹭。"记叙了一次她经久不忘的溪亭畅游，透露着她对湿地乐趣的沉醉。

湿地还保留了具有宝贵历史价值的文化遗址，是历史文化研究的重要场所。中国太湖湿地区域新石器时代早期以来古文化遗址数量多，分布广，已发现200余处。其中马家滨文化遗址中发现麋鹿（*Elaphurus davidianus*）、水牛（*Bubalus*）、亚洲象（*Elephas maximus*）等20多种动物化石和稻谷等；良渚文化遗址中发现有大量砂陶、稻谷、绢片、麻布、竹编等，这对研究该时期人类文化活动具有重要意义。

第四节　湿地生态系统服务价值评价的意义

　　生态系统的服务价值评价是基于生态系统提供的服务，运用环境经济学、生态经济学以及资源经济学等原理方法，将抽象的服务转换为人们所能感知的货币，得到直观的反映生态系统各项服务所创造价值的评价过程（张翼然，2014）。全面、科学地评价湖沼湿地生态系统所具有的功能，可以为湿地及其资源监测和研究提供广泛的数据资料，为湖沼湿地规划和开发提供可靠的科学依据，确保湖沼湿地及其资源的可持续利用。

一、提高对湿地重要性的认识

　　湿地生态系统中不仅有着可以为人们所利用的物质产品价值，还蕴含着人们能够利用的各种间接的功能性服务。自然生态系统服务功能的可持续发展决定了人类社会的可持续性状态，而生态系统服务功能的可持续发展在很大程度上要取决于人类对生态系统及其效益的客观和科学的认识，这一观点随着民众对于自然环境保护意识的提高而深入。在人类作用对环境的影响逐渐加大，自然资源日趋短缺的情况下，对湿地生态系统服务价值评估直接通过货币化的形式展示出来，能够有效地促进人们认识湿地生态系统服务功能，并为生态环境保护与开发利用政策提供参考，进而实现科学的土地利用和管理政策，实现自然资源的公平分配和合理配置（Liu et al.，2010）。湿地生态系统服务功能研究及价值评价的目的就在于为生态系统管理者、决策者提供科学的信息，避免因为盲目追求经济利用发展而造成对湿地的不可挽回的损失，为人类社会自身的可持续发展维持重要的自然生态资源。

二、履行国际《湿地公约》的需求

我国是《湿地公约》常务理事国，承担着保护湿地和拓展国际合作领域，在更大范围和更深层次参与《湿地公约》的各项事务等多方面的责任和义务。我国的湿地保护工作成绩十分出色，有诸多湿地保护工作经验值得各国借鉴和学习，在国际上得到了很多国家，特别是发展中国家的普遍认可。然而我国湿地保护工作仍然面临着诸多困难，特别是适用于我国独特湿地的服务评价技术、指标体系构建等方面的研发工作相对滞后，多尺度估算服务价值的评价技术尚未完善。因此，开展湿地生态系统服务价值评价技术研究是我国湿地保护工作的一件大事，必将给国内的湿地保护管理带来很好的发展机遇。也将促进国际合作交流，提升我国履行《湿地公约》的质量和水平。

三、服务国家中长期科技发展战略的需求

《国家中长期科学和技术发展规划纲要（2006~2020年）》中，重点领域及其优先主题为"生态脆弱区域生态系统功能的恢复重建"，湖沼湿地是典型的脆弱生态系统，湿地生态系统服务研究被列为基础性、长期性林业支撑技术的重点支持方向。开展典型湖沼湿地生态系统服务评价研究，不仅能够回答典型湖沼湿地生态系统服务主导服务的价值，也能够在研究的过程中形成一系列适合湖沼湿地生态系统服务评价的技术体系，对于实现我国可持续发展的战略目标并构建和谐社会，具有重要的技术创新意义。

四、建立健全国民经济核算体系的需求

随着对湿地重要性认识的加深，湿地生态系统的服务价值越来越受到人们的重视。湖沼湿地生态系统服务价值评价的成果可为制定惩处破坏者及补偿损失者政策提供科学依据。通过衡量典型湖沼湿地生态系统服务价值水平，使湖沼湿地多种服务在价格信号中表现出来，进而使湖沼湿地资源变化情况在区域国民经济核算体系中得到正确反映，推动湖沼湿地保护和恢复工作；不仅可以为国家和地区的协调发展，平衡代内／代际利益关系，实行湿地生态补偿，实现区域可持续发展的目标服务，而且可以为实施综合的国民经济与资源环境核算体系，以及为政府间有关碳指标的国际谈判、提高绿色 GDP 发展比重等提供基础数据支持。总之，湿地服务价值评估具有重要的理论意义和应用价值。在维持国民经济发展的同时，也是保障区域生态安全建设和促进社会经济发展的重要驱动力，有助于理顺湿地生态系统各功能之间的关系，强化全社会对湿地保护重要意义的认识，优化湿地利用方式的政策选择和管理措施。

五、满足湿地服务价值评价技术创新的需求

近 10 年来，湿地生态系统服务价值评价已逐渐成为湿地科学研究的关注热点。尽管目前各国学者在湿地生态服务价值评价领域开展的工作卓有成效，取得了一定的研究成果，推动了湿地服务价值评价工作的发展。然而，目前的湿地价值研究集中于技术方法的创新、大尺度湿地生态系统服务价值量化评价等主要方面，针对湖沼湿地价值评价的技术方法创新工作一直进展缓慢，制约了一些重要湿地的生态系统服务价值评价工作。由于认识上固有的分歧以及评估中存在的不确定性等因素，特别是在其快速发展过程中，不可避免地会存在一些问题与不足需要认真审视与对待。本书瞄准当前国际湿地生态系统服务技术研究领域的学术前沿，关注技术方法创新关键科学问题，体现了本研究的前瞻性和鲜明的国际视野，不仅促进了国内外湖沼湿地生态系统服务价值评价技术的进一步发展，也对我国湿地价值评价技术的发展与创新具有重要意义。

参考文献

段晓男，王效科，逯非，等，2008. 中国湿地生态系统固碳现状和潜力 [J]. 生态学报，28（2）：463-469.

朗惠卿，1983. 中国沼泽 [M]. 济南：山东科学技术出版社.

李鸣，吴结春，李丽琴，2008. 鄱阳湖湿地 22 种植物重金属富集能力分析 [J]. 农业环境科学学报，27（6）：2413-2418.

马荣华，杨桂山，段洪涛，等，2011. 中国湖泊的数量、面积与空间分布 [J]. 中国科学：地球科学，（3）：394-401.

世界自然基金会（WWF），1996. 湿地自然保护和管理培训手册 [M].

王苏民，1998. 中国湖泊志 [M]. 北京：科学出版社.

杨一鹏，曹广真，侯鹏，等，2013. 城市湿地气候调节功能遥感监测评估 [J]. 地理研究，32（1）：73-80.

张旭辉，李典友，潘根兴，等，2008. 中国湿地土壤碳库保护与气候变化问题 [J]. 气候变化研究进展，4（4）：202-208.

张翼然，2014. 基于效益转换的中国湖沼湿地生态系统服务功能价值估算 [D]. 北京：首都师范大学.

赵魁义，1999. 中国沼泽志 [M]. 北京：科学出版社.

中国科学院长春地理研究所沼泽研究室，1983. 三江平原沼泽 [M]. 北京：科学出版社.

贾治邦，2009. 加强湿地保护维护生态平衡 —— 写在第十三个 "世界湿地日" 到来之际 [J]. 绿色中国，（4）：10-15.

Liu S，Costanza R，Farber S，et al，2010. Valuing ecosystem services[J]. Annals of the New York Academy of Sciences，1185（1）：54-78.

Mitsch W J，Gosselink J G，2011. Wetlands（4th Edition）[M].

Oki T，Kanae S，2006. Global hydrological cycles and world water resources.[J]. Science，313（5790）：1068-72.

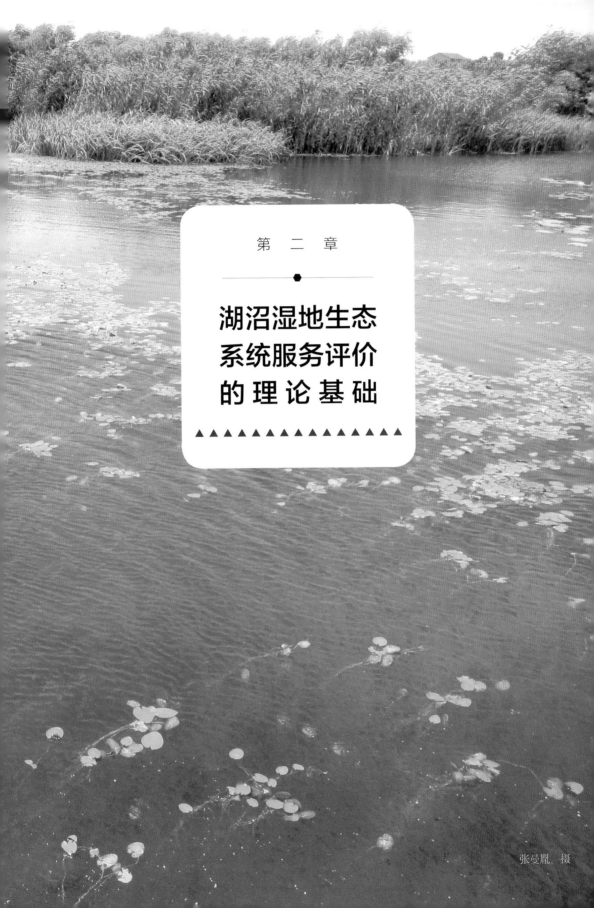

第 二 章

湖沼湿地生态
系统服务评价
的 理 论 基 础

张曼胤 摄

第一节   生态系统服务的概念和内涵

一、生态系统服务的概念

1935 年，A.G.Tansley 首次提出生态系统的内涵，后经过多位生态学家不断完善，成为生态学领域最重要的定义之一。生态系统指在一定时间和空间范围内，由生物群落及其环境组成的一个整体，该整体具有一定的大小和结构，各成员借助能量流动、物质循环和信息传递而相互联系、相互影响、相互依存，并形成具有自组织和自我调节功能的复合体。生产者、消费者、分解者共同构成生态系统，生产者经过光合作用合成有机物，为消费者供给食物，分解者将没有被消费的物质及动植物的残体重新分解为无机物释放到生态系统环境中，此过程完成了生态系统的能量与物质循环。自然生态系统正是通过这些生物、物理过程为人类社会提供多种产品和服务。

1970 年，关键环境问题研究小组（SCEP）的《人类对全球环境的影响报告》中首次使用了"service"表示自然生态系统的生态服务功能，同时列出了自然生态系统在害虫控制、昆虫传粉、渔业、土壤形成、水土保持、气候调节、洪水控制、物质循环与大气组成等方面的生态服务功能。Ehrlich(1982) 首次使用了"ecosystem service"（生态系统服务）研究生态系统在保持土壤肥力、维持基因库等方面的服务功能，并指出生物多样性的丧失对生态系统造成的影响。Odum(1983) 指出人类是生态系统的组成部分，其所有的生产、生活都离不开生态系统提供的产品和服务的支持。Gordon Irene(1992) 在《自然服务》一书中论述了不同自然生态系统对人类社会生产、生活带来的影响，是第一本系统论述自然生态系统为人类社会提供产品和服务的著作。

20世纪90年代以来，生态环境问题日益严重，生态系统服务功能的研究引起人们的广泛关注，开展了自然生态系统的结构、生物与物理过程、生态服务功能及其经济价值等研究，各种自然生态系统的生态服务功能得到了扩展和深入，其评估技术和评估方法也不断改善。1991年，国际环境问题科学委员会（SCOPE）成立以Costanza负责的研究组研究生物多样性间接经济价值及其定量评估方法，以及生物多样性与生态系统服务功能之间的关系。Daily（1997）主编的《自然服务：社会有赖于自然生态系统》对生态系统服务功能的概念内涵、发展历史及评估方法进行了回顾综述，将生态系统服务功能表述为"Ecosystem services refers to a range of conditions and processes through natural ecosystem and the species，that are part of them，help sustain and fulfill human life"，认为生态系统服务功能是指生态系统及其物种所形成、维持人类生存的自然环境条件及其效用。该定义包括3层涵义：生态系统的生态服务功能对人类生存的支持作用；发挥生态服务功能的主体是自然生态系统；自然生态系统通过状况与过程发挥其作用。并分专题对土壤和森林、淡水和湿地等不同生态系统的生态服务功能进行了研究。Costanza（1997）进一步明确了生态服务功能是自然生态系统对人类生存和生活有贡献的产品和服务。生态系统服务是自然生态系统产品和自然生态系统功能的统一。生态服务功能包括自然生态系统提供给人类生产、生活消费的产品和保证人类生产、生活质量的功能。欧阳志云等认为生态服务功能是指自然生态系统的生态过程所形成及所维持的人类赖以生存的自然环境条件与功效，它不仅是人类社会经济的基础资源，还维持了人类赖以生存与发展的生态环境条件（李文华，2002）。

综合国内外有关湿地生态系统服务的定义，本研究认为，湿地生态系统服务是指，湿地生态系统及所属物种所提供的能够维持人类生活需要的条件和过程，即湿地生态系统通过内部的物理、化学过程为人类提供的各项供给、调节、文化和支持服务。

二、生态系统服务的分类

不同生态系统的生态服务内容是不同的，一方面与其类型密切相关，另一方面也与人类对生态系统的开发利用等因素有关。因此，首先正确分析研究对象的生态服务内容，是进一步开展其他研究的前提。对生态系统的生态服务内容开展研究的有很多，其中具有代表性的如：Daily（1997）指出生态系统服务内容包括物质生产、农业害虫的控制、产生和更新土壤和土壤肥力、植物授粉、废物的分解和解毒、缓解干旱和洪水、稳定局部气候、缓解气温骤变、减少风和海浪、支持不同的人类文化传统、提供文化和娱乐等。Costanza 等（1997）对全球 16 类主要生态系统进行分析，提出了 17 项生态系统服务功能，见表 2-1。

Finlayson 工作组（2005）认为自然湿地生态系统的主要生态服务功能由 4 类服务组成（表 2-2），即供给服务、调节服务、文化服务、支持服务。供给服务即湿地生态系统生产或提供的物质产品，如湖泊湿地生态系统可提供淡水鱼等物质产品；调节服务即自然生态系统调节人类生态环境的生态服务功能，如湿地调蓄水源、调节气候的功能；文化服务即人们通过精神感受、知识获取、主观映像、消遣娱乐和美学体验等方式从自然生态系统中获得的非物质利益，如城市湖泊湿地生态系统提供的休闲旅游功能；支持服务则是保证自然生态系统提供的其他生态服务功能得以实现所必需的基础功能，其对人类社会的影响相对供给服务、调节服务及文化服务对人类社会生产、生活的影响是间接的，需较长时间才能得以体现。

表 2-1　生态系统服务功能指标体系（Costanza et al.，1997）

序号	服务	功能	列举
1	气体调节	大气化学成分调节	CO_2/O_2 的平衡、O_3 防护和水平 SO_x
2	气候调节	全球温度，降水及其他由生物媒介的气候调节	温室气体调节，影响云形成的产物生成
3	干扰调节	对环境波动的容量，衰减和整合能力	风暴防止、洪水控制，干旱恢复等生境对主要受植被结构控制的环境变化的反应
4	水调节	水文循环的调节	为农业、工业或运输提供用水
5	水供给	水的贮存和保持	向集水区、水库和含水层供水

序号	服务	功能	列举
6	侵蚀控制和沉积保持	生态系统内的土壤保持	防止土壤被风、水侵蚀以及在湖泊和湿地中的积累
7	土壤形成	土壤形成过程	岩石风化和有机质积累
8	养分循环	养分的贮存、循环和获取	固碳、氮、磷和其他元素及养分循环
9	废物处理	易流失养分的再获取，过多或外来养分、化合物的去除或降解	废物处理、污染控制、毒物降解
10	授粉	有花植物配子的运动	提供传粉者以便植物种类繁殖
11	生物控制	生物种类的营养动力学控制	关键捕食者控制猎物种类，高级捕食者使食草动物减少
12	庇护所	为定居和迁徙种类提供栖息地	育雏地、迁徙动物栖息地，当地收获物种栖息地或越冬场所
13	食品生产	总初级生长中可用为食物的部分	通过渔、猎、采集和农耕收获的鱼、鸟兽、作物、坚果和水果等
14	原材料生产	初级生产中可用为原材料的部分	木材、燃料和饲料的生产
15	基因资源	特有的生物和产品的资源	医药、材料科学产品，用于农作物抗病和抗植物感染的基因，家养物种
16	休闲娱乐	提高休闲娱乐活动机会、场所	生态旅游、体育、钓鱼运动及其他户外游乐活动
17	文化	提供非商业性用途的机会、场所	生态美学、艺术、教育、精神及科学价值

表 2-2 湿地生态系统服务功能及其分类（Finlayson，2005）

分类	功能	对人类的用途
供给服务	食物	产出鱼类、野生动物、谷物和蔬菜等植物
	淡水	储存和保留水分，提供家庭生活用水、灌溉用水和饮用水
	纤维和燃料	产出木材、薪柴、泥炭和饲草
	生物化学品	从生物群中提取药物和其他物质
	遗传物质	提供抵抗植物病原体的基因以及观赏物种等
调节服务	调节气候	温室气体（CO_2）的源和汇；影响局地和区域性气温、降水及其他气候过程
	调节水文	地下水的供给和排放
	净化水和废弃物处理	保留、恢复和消除过多的养分和其他污染物
	预防侵蚀	保持土壤和沉积物
	调控自然灾害	防洪、抵御风暴
文化服务	精神和灵感	灵感的源泉，很多宗教都很重视湿地生态系统各个方面的精神和宗教价值
	休闲娱乐	提供休闲活动的机会
	美学	人们普遍能从湿地生态系统的各个方面发现其美学价值
	教育	提供正规和非正规教育和培训机会
支持服务	土壤形成	保留沉积物、富集有机物
	养分循环	养分的储存、再循环、加工和获取

第二节　人类福祉

一、人类福祉的概念和内涵

人类福祉（human well-being）是一种以环境和情形而定的状态。人类福祉由多种要素组成，包括在生计、食物、避难场所、衣物以及财物使用权等方面维持高质量生活的基本物质条件；在维持良好心情，以及拥有清洁空气和洁净水源等健康的自然环境方面的健康条件；在社会凝聚力、相互尊重、帮助别人以及供养孩子等方面的良好社会关系；在拥有自然资源和其他资源的安全保障、人身安全以及免受自然和人为灾害的安全保障等方面的安全条件；在实现个人价值的机会等方面的选择与行动的自由。

从对各种福祉要素的极端剥夺（或者贫困），到对福祉的高度获取（或者体验），人类福祉是一个连续体。生态系统通过支持服务、供给服务、调节服务和文化服务的作用，成为支撑人类福祉的基础。同时，人类福祉也受人类服务、技术以及制度的提供状况和质量状况的影响。

二、生态系统服务与人类福祉的关系

生态系统服务是研究生态系统与人类福祉关系的重要手段。环境效益及人类对自

然的依赖性并不是一个新概念，生态系统服务的新颖性在于整合生态学、经济学、社会学、管理学等学科知识，阐释生态系统对人类福祉的直接或间接贡献，揭示受益者对生态系统服务的支付意愿，为生态系统管理提供依据。 生态系统服务为阐释生态系统和人类福祉关系提供了全面而整体的评估框架，因此决策者和公众可以明晰生态系统服务与社会经济产品和服务的权衡关系。

千年生态系统评估将生态系统服务定义为"人类从生态系统中所获得的效益"，并将生态系统服务划分为供给服务、调节服务、文化服务和支持服务，被科学家和管理决策部门广泛认可。 然而，千年生态系统评估停留在概念的水平，缺乏在管理决策中的实际应用。 为了更好地将生态系统服务概念纳入到管理决策中，在千年生态系统评估的基础上，学者将生态系统服务进一步定义为"生态系统对人类福祉和效益的直接或间接贡献"。

湖沼湿地是与人类关系密切的重要湿地类型，湖沼湿地为人类提供了不同类型的生态系统服务，使它们成为对社会有价值的系统。 湖沼湿地生态系统服务是指湖沼湿地生态系统对人类福祉效益的直接或间接贡献，可从两个方面理解：①湖沼湿地生态系统服务必须是从湖沼湿地生态系统中获得，是一种生态现象；②并非所有的湖沼湿地生态系统服务都必须被直接利用。

湖沼湿地不仅为人类提供了食物、淡水、纤维、燃料、木材及基因物质等供给服务，气候调节、空气质量改善、洪水调蓄和水质净化等调节服务，休闲娱乐、科研教育、生物多样性保护等文化服务。 同时，湖沼湿地还提供了营养物质循环、水循环、土壤有机质形成、初级生产等支持服务。 供给服务和文化服务通常是直接影响人类福祉的最终服务。 调节服务既可以是中间服务，又可以是最终服务，取决于生态系统服务的受益者。 水质净化服务对于维持人类基本生活的饮用水而言是中间服务；洪水调蓄和风暴防护因直接影响人类的福祉而成为最终服务。 而支持服务与其他三种服务的区别在于，它对人类的福祉贡献是通过其他三种服务间接表达的。

第三节　　湿地生态系统服务的特征

　　湿地资源是人类生产和生活的物质基础。它除了具有自然属性外，更为重要的还具有经济属性，主要包括湿地资源的权属、外部性，倘若忽略了湿地资源的经济属性，就会导致"公地悲剧"的发生。在中国近几年的湿地资源利用过程中，湿地"公地悲剧"时有发生：鄱阳湖由于失效的禁渔制度而面临严峻的生态威胁，黄河流域管理体制的失灵导致黄河断流形势越来越强烈。与大多数公共自然资源一样，湿地资源也有经济属性：湿地资源产权的多样性、湿地资源利用的低成本高收益性和湿地资源具有较强的外部不经济性。

一、生态系统服务的外部性

1.外部性的含义

　　各种经济社会活动与湿地的生态环境存在许多种矛盾，这种冲突不仅表现在人类对湿地资源开发利用所产生的负面影响，也表现在国家和政府部门出于对湿地资源环境的保护而制约和剥夺了一部分人相应的发展和收益机会，即对部分人群的利益造成损害。这种现象就是经济学中非常重要的一个研究范畴——外部性，即某个经济活动的个体对另一个经济个体产生了一种无法通过市场价格进行买卖的来自主体外部的强加影响。其理论模型如下：

$$F_j= (X_{1j}, \ X_{2j}, \ \cdots, \ X_{aj}, \ X_{ak}) \ j \neq k \qquad (2-1)$$

式中，j 和 k——不同的经济个体；

F_j——j 的福利函数；

X_i $(i=1, \ 2, \ \cdots, \ n, \ m)$——经济行为。

此函数可以表明，当一个经济行为个体 j 的收益除受到他自己所能掌控的经济行为 X_i 的影响之外，还必须受到外来的另一主体 k 的经济行为的强加影响，因此就产生了外部效应。

当私人成本与社会成本不相等或者私人收益和社会收益不相等时，就会存在外部性问题。私人成本小于社会成本被称为"外部不经济"，私人利益小于社会利益被称为"外部不经济"。"外部不经济"会导致产品的过度供给，而"外部经济"则会导致该种产品供给不足。

2. 生态服务外部性表现

生态服务的外部性可以分为两类：①生态服务消费的外部效应，如人们对湿地中新鲜空气的消费，这包括量和质两个方面，一方面人们对空气的消耗，另一方面也包括人们排放污染物对空气质量的降低。人们对新鲜空气的使用受到另一经济行为人的影响，如果不对新鲜空气产权界定，就会导致其被过度消费。②生态服务供给的外部效应，如对湿地进行保护，维护生物多样性可以使整个社会收益，但保护者却因此付出了大于个人收益的成本，这就容易引发生态服务供给不足或补偿不足。

二、湿地资源产权的多样性

1. 公共物品特征

公共物品是指某个人消费该种物品不会导致别人对该种物品消费的减少。湿地资源具有私人产品特征，具有竞争性和排他性，如一个人通过捕捞湿地中的水产品而使自己获益，别人就无法再对其进行消费。湿地资源也具有公共物品的特征，如湿地提供的新鲜空气和美丽景色都具有公共物品和公益性的性质。但这些生态服务功能是依附在具有私人性质的产品上，当湿地的动植物资源被利用和消耗，其生态服务功能和生态价值也随之消失。湿地生态服务这一公共物品特征易导致人们出于私人利益的冲动而去破坏生态公共物品。随着经济的发展，湿地资源的稀缺性正逐步体现。

2. 资源产权

首先，对于湿地资源的土地资源，可分为公共湿地土地资源和个人或集体使用的湿地土地资源；其次，由于湿地水资源和生物资源的流动性和不固定性，任何个人或集体都可使用，所以湿地资源具有明显的公共产权特性；第三，根据我国的自然资源管理法，湿地资源的所有权属于国家，湿地使用者只有有限的使用权和处置权，但湿地陆地部分具有土地概念，它的所有权既可以属于国家，也可以属于农民集体，使用者可拥有所有权和使用权。

三、湿地生态服务受益者变化性

湿地生态系统服务供给与需求具有高度的时空异质性，受管理决策和人类活动等多方面因素的影响。湿地是一个复杂的系统，内部各组分和各服务之间的相互作用、相互影响。湿地生态系统服务涉及各个尺度，如生物固碳在个体尺度上是增强了土壤的肥力，而碳汇却在全球尺度上影响了气候。另一方面，生态系统服务提供给了各个不同尺度的利益相关者。

（1）供给服务。湿地生态系统供给产品的能力取决于资源的可获得性和储量。在评估供给服务时，首先要确定提供服务的生态系统尺度，其次是利益相关者的尺度。本地居民通常在小尺度湿地资源获取中扮演重要角色。而对于大尺度湿地生态系统供给服务，往往涉及大尺度的利益相关者，如鄱阳湖湿地的渔业生产服务通常与区域或者更大尺度的利益相关者有关。

（2）调节服务。调节服务通常只发生在特定尺度上，但涉及的受益者却可能跨越多个尺度。如湿地水体净化功能影响到个人至区域尺度。

（3）文化服务。文化服务同样具有不同的生态尺度和利益相关者尺度。如湿地景观可以为利益相关者提供游憩服务。

在特定的时空尺度，当管理者选择性地提高某一生态系统服务时，往往会削弱其他一项或多项的生态系统服务的供给水平和供给能力。在确定湖沼生态系统最终服务，研究湖沼生态系统与人类福祉关系时需要：①确定研究区域湖沼生态系统组成。②确定湖沼生态系统服务利益相关者。③列举与人类福祉关联的生态系统属性并归类。④根据利益相关者对生态系统服务的实际需求和利用，确定生态系统最终服务类型。⑤通过利益相关者偏好分析，选取特定的指标反映生态系统最终服务，确定其核算指标体系，并根据核算指标体系确定生态系统最终服务及相应的生态特征监测指标体系。基于以上准则，我们在对湖沼湿地生态系统服务文献综述的基础上，确定了湖沼湿地生态系统服务评估的受益者（表2-3），为湖沼湿地生态服务评估提供了方向。

表 2-3　湖沼湿地生态系统最终服务受益者分析

生态系统服务分类	生态系统最终服务类型	受益者	经济评估方法
供给服务	食物生产	局部尺度或区域尺度	市场价值法
	原材料生产	局部尺度或国家尺度	
	医药资源	全国尺度	
	水资源供给	局部尺度	
	水资源蓄积	局部尺度（航运）	
调节服务	预防地面沉降	区域尺度	替代工程法
	调蓄洪水	区域尺度	替代工程法或条件价值法 / 选择试验法
	空气质量调节	区域尺度	
	水质净化	局部尺度（排污者）	
	气候调节	区域尺度	
	固碳量	全国尺度	替代工程法
	释放氧气量	全国尺度	

生态系统 服务分类	生态系统最终 服务类型	受益者	经济评估方法
文化服务	休闲旅游	全国尺度	旅行费用法 / 条件价值法 / 选择试验法
	生物多样性、 景观资源保护	全国尺度	条件价值法 / 选择试验法

四、湿地生态系统服务的变化性与复杂性

1. 湿地生态系统的多变性

湿地生态系统服务的变化随着生态系统本身的特点而变化，因此在核算货币价值的过程中也不可回避其本身固有的变化。

所谓的"多变性"主要是指随着季节性的变化以及各种外界影响因素的变化，湿地生态系统本身的变化。由于湿地是陆地与水体的过渡地带，因此，它同时兼具丰富的陆生和水生动植物资源，形成了其他任何单一生态系统都无法比拟的天然基因库和独特的生境。特殊的水文、土壤和气候提供了复杂且完备的动植物群落，它对于保护物种、维持生物多样性具有难以替代的生态价值。然而，易变性是湿地生态系统脆弱性表现的特殊形态之一，当水量减少以至干涸时，湿地生态系统演替为陆地生态系统；当水量增加时，该系统又演化为湿地生态系统，水文决定了系统的状态。湿地生态系统是介于水域和陆地生态系统之间的复杂系统，可以说有兼具有其他 2 个系统的特点，因此湿地生态系统的服务功能有时会因环境的不同也发生变化。因此，湿地生态系统的本身特征也决定了对其生态服务功能价值进行核算时遇到的困难，进行评估的湿地生态系统服务价值具有不稳定性，湿地生态系统作为环境和资源的组成部分，是受多因子和多因素影响的，其系统本身带来的影响因素是不可避免的。

2. 湿地生态系统动态监测的困境

生态系统动态监测作为一种收集自然环境资源信息方法，在 20 世纪 60 年代后期开始形成。作为一种综合技术，需要生态系统动态监测能够相对容易地收集大范围内生命支持能力的数据。这些数据涉及人、动物、植物和地球上其他一切非生命的环境因素。当前，在国内还没有开展真正意义上的湿地生态系统动态监测，其中一个很重要的原因就是没有一个客观完善并且具有可操作性的指标体系。相关研究较多的是围绕生态环境质量评价指标体系的建立。同时，收集和获得数据也往往花费研究人员大量的精力和经费，其结果有时也不尽如意。针对湿地生态系统服务功能各项数据指标的动态监测数据的特点，在实际研究过程中受到人力、财力的影响，获得连续的综合数据比较困难，这也是研究中无法避免的问题。

3. 人们对湿地生态系统认识水平的局限性

人们对湿地生态系统到底认识多少？这个问题直接关系到价值的核算结果，特别是非使用价值的核算。人们对湿地各种功能的了解，特别是人们有时直观地会看到湿地生态系统带来的一些负面影响，比如洪水、吸血虫的泛滥等等，这些负面现象都会影响人们对湿地服务功能的正确理解，减少印象分。影响人们对湿地生态系统认识的影响因素很多，如知识背景、社会地位以及消费偏好等，那么如何做好非使用价值的核算？特别是在（CVM）条件价值法使用时，特别要注意所选择的人群以及对湿地生态系统进行充分分析，这是决定生态系统服务价值的重要因素。当然，通过具体的市场价格和市场行为，也可以考察人们对环境物品的真实偏好以及湿地利用的效用。但就目前的公共物品服务市场来说，虽然市场行为或者假象市场可以模拟交易，从而反映消费者偏好，但是缺乏有力的证据表明此行为就是生态系统服务功能的消费者的真实偏好。因为正如前文所述，消费者自身认知的能力存在差异，目前存在一定的技术手段误差，消费者信息的缺乏以及人们对湿地生态系统服务功能的认识水平不足都会导致核算过程中出现的误差，这也是此研究中不可回避的问题。

4. 湿地生态系统服务价值核算过程的复杂性

（1）静态与动态。湿地生态系统服务价值核算最主要的目的是制定湿地保护政策或者完善现有湿地保护法律法规。然而，现有的参考文献及研究成果多是集中在全球、国家以及区域尺度上的。尺度大的研究成果并不一定适合具体案例的研究，对湿地生态系统服务价值的研究，有学者在进行地方性湿地核算时直接用参考文献中的模型和数据，并没有对当地的具体情况进行充分分析，所得出的结果，以及根据此结果进行的政策制定是没有太大价值的。此外，当前多是停留在静态的研究，没有进行动态、实际性的跟踪研究。湿地生态系统服务价值的核算应该建立在对湿地功能充分了解的基础上，在分析湿地多种功能后再进行价值分类，因为有些功能是相互影响的，必须进行充分分析，避免重复计算。研究湿地生态系统服务价值并不是湿地的价格标签，而是相对参考物的物值表现，它表示的是相对于其他有价物的价值。湿地生态系统服务价值的变化因影响因子的变化而变化，有时因为有价物质的变化会造成核算的误差结果很大。因此，本研究认为，湿地生态系统服务价值的大小并不是研究的结果，而是要有针对性地研究造成误差的干扰因素，把核算建立在动态的研究基础上，重点是评价某干扰因素"之前"和"之后"的动态变化，而不是静态地核算某块湿地价值多少钱。根据以往的参考文献研究，进行湿地动态变化的评价案例还是比较少的。因此进行湿地生态系统动态评价研究具有十分重要的现实意义，可为湿地保护政策的完善提供有益的帮助。

(2) 参数取值。在研究中会用到市场替代法等相关核算技术，但由于市场信息的不对称，难免会出现误差性的数据，对于湿地生态系统服务价值核算的工作，单位价值量的确定是核算成败最直接的体现。但是在研究工作中，对于核算参数的选择会受到自然因素以及社会因素的影响，有些因素是无法避免的，有些是可以调节的。首先，从自然影响因素来看，它主要是通过物理、化学以及生物生态学的过程来影响生态系统服务功能的发挥，从而也会导致生态系统物质量的不同。或者说，由于各种自然地理条件的限制，各区域的物理量也是不同的，有时差别很大。比如，湿地生态系统固碳释氧的功能价值核算，由于地理因素影响，高原湿地的氧气市场价格肯定要高于平原区域的湿地氧气价格，因为氧气的区域性效用是不同的，这样会给核算带来不确定的核算市场因素，如果全按统一的氧气价格代替，或大或小会有误差的产生；另外，随着社会经济的发展，很多市场价格、产品信息以及生活的福利、质量的提高都会影响着市场交换产品的定价，市场经济的完善程度也会造成生态系统服务系统服务价值单位替代价格的变化。往往来说，经济发达的地方，人力资本服务价格较高，在很多核算方法中，进行替代成本法中影子价格就会不同，人们支付的服务水平也不一样，这样会导致单位实物价值量的不同。社会文化因素以及人口质量水平这些因素也会影响市场价格参数的确定，它们一起影响着人们对生态系统的认知水平。公众可能认识到水生的某种生物的食用价值，但没有想到它们巨大的净化环境以及吸收污染物的能力，这样会导致服务功能认知水平的局限性。总之，由于单位价值量的不统一，特别是参考单位价值量就会影响核算结果的精确性。

（3）多学科的运用。湿地生态系统服务价值核算，从最基本的学科知识来说，涉及经济学、环境学、生物学、生态学、社会学以及管理学等相关的知识，是交叉学科以及多学科的运用。因此，核算过程中种种学科之间的联系，特别是交叉学科的关系就非常重要，但如何同时使多种学科运用到核算工作中具有一定的挑战性。

（4）核算技术的误差性。湿地生态系统服务价值的核算，其准确性和精确性关系到研究的成败，最根本的就是核算技术的模型以及函数表达是否正确的选择。稍有疏忽，就会造成技术上的误差。对于数学模型以及参变量的选择来说，主要取决于概念定义的正确界定，特别是自变量和因变量的边界确定。

从理论上讲，只有具有统计学意义或者可以计量的变量才能建立数学模型进行核算。但就实际而言，湿地生态系统是个复杂的系统，有其自身的物理、化学、生物以及整个生态系统整体效应的影响，会造成设定变量的影响，易波动，进而对于研究的概念边界造成影响，相关的设定变量作用就难以把握并进行明确区分。比如，湿地生态系统中各种微量元素的变化，必然带动整个系统的变化，而这部分变化是难以区分的，同时它们所起的联动因果关系更难以确定。也就是说，生态系统是交叉复杂同时互相影响的，这样会造成模型以及函数表达式难以在确定的状态下进行生态系统服务价值的核算，也会造成误差的产生。其次，对目前无市场价格的环境价值核算中，核算指标也不是不全面和不完整的，没有统一的指标体系，或者说核算方法的使用也没有达到准确的地步，这样也会造成核算技术的使用而造成核算结果的误差，结果也可能会令人难以信服。从技术方法上来说，核算方法也不尽完善，缺乏创新的方法以及通用的方法，包括一些不合理的意愿调查法或者假想市场法的应用、使用不同统计软件确定结果不同，也会造成核算技术上误差的产生。

第四节   生态系统服务评价的经济学基础

一、生态系统服务价值构成

　　生态系统服务经济价值构成分析和科学分类是进行生态系统服务价值评估研究的基础。自 1989 年来，Peace、McNeely 和 Turner 等人都从不同的角度将其分类，该研究构成了生态系统服务价值分类研究的基础。最初，Peace 提出了环境资源的总经济价值理论，该理论认为环境资源的总经济价值包括利用价值（直接利用价值和间接利用价值）、存在价值和选择价值（包括个人将来的利用价值、其他人将来的利用价值和子孙后代将来的利用价值）。其后，总价值理论中环境资源的总经济价值包括利用价值（直接利用价值和间接利用价值）、存在价值和选择价值（包括个人将来的利用价值、其他人将来的利用价值和子孙后代将来的利用价值）。随后，McNeely 等将生物资源的价值又分为直接价值和间接价值，直接价值又分为消耗性利用价值、生产性利用价值；间接价值又分为非消耗性利用价值、选择价值和存在价值。Turner 在论述湿地的效益及其管理时，将湿地效益的总经济价值分为利用价值（直接利用价值、间接利用价值和选择价值）和非利用价值（存在价值和遗产价值）。联合国环境规划署的生物多样性价值划分、Barbier 的环境经济价值分类、Serageldin 等（1994）的环境的经济价值分类（Kondratyev，1998）、经济合作与发展组织(OECD)的环境资产的经济价值分类以及中国生物多样性国情研究报告中生物多样性的价值分类，都以上述分类为基础且基本相同。

生态系统服务的总经济价值（TEV）包括利用价值（UV）和非利用价值（NUV）两部分。利用价值包括直接利用价值（DUV，直接实物价值和直接服务价值）、间接利用价值（IUV，即生态功能价值）和选择价值（OV，即潜在利用价值）。非利用价值包括遗产价值（BV）和存在价值等。将生物资源的价值分为直接价值和间接价值，直接价值又分为消耗性利用价值、生产性利用价值；间接价值又分为非消耗性利用价值、选择价值和存在价值（EV）。

2001年由联合国发起的千年生态系统评估，是世界上首个针对全球陆地和水生生态系统开展的多尺度、综合性评估项目。其报告提出了评估生态系统与人类福祉之间的相互关系的框架，将生态服务分为供给、调节、支持和文化四大类。并根据是否为人类提供福祉将生态系统服务价值分为中间服务和最终服务。

二、效用价值论

效用价值论（utility theory of value）以物品满足人的欲望的能力或人对物品效用的主观心理评价解释价值及其形成过程的经济理论。在19世纪60年代前主要表现为一般效用论，自19世纪70年代后主要表现为边际效用论。

根据西方经济学的效用内涵分析，效用是指商品满足人的欲望的能力，或者说效用是指消费者在消费商品时所感受到的满足程度。我们可以从消费的主体与消费的客体两个方面讨论效用。从消费的主体来讲，效用是某人从自己所从事的行为中得到的满足；从消费的客体来讲，效用是商品满足人的欲望或需要的能力。效用完全是一种主观的心理评价，它和人的欲望联系在一起，使消费者对商品满足自己的欲望的能力的一种主观心里评价。对于效用大小的度量问题，西方经济学家先后提出了基数效用和序数效用的概念，基数效用论者认为效用是可以衡量和加总的。序数效用论者认为，效用是不可以度量的而且度量也是没意义的，效用只能排序。总效用（total utility，TU）含义：总效用是指消费者在一定时间内从一定数量的商品消费中所得到的效用量的总和。或者说，是指消费者从事某一消费行为或消费某一定量的某种物品中所获得的总满足程度，$TU=f(Q)$。边际效用（marginal utility，MU）定义为每增加一单位消费量所带来的总效用的增量。因此，效用论形成了分析消费者行为的两种方法，它们分别是基数效用论者的边际分析方法和序数效用论者的无差异曲线的分析方法。如总效用函数为 $TU=f(Q)$，则相应的边际效用函数：$MU=\Delta TU/\Delta Q$。

边际效用递减规律：在一定时间内，在其他商品的消费量保持不变的条件下，随着消费者对某种商品消费量的增加，消费者从该商品连续增加的每一单位消费中得到的效用增量（即边际效用）是递减的。基数效用论者认为，货币如同商品一样，也具有效用。商品的边际效用递减规律对于货币也同样适用。边际效用递减的原因在于：第一，从人的生理和心理角度看，随着相同商品的连续增加，人们从每一单位商品消费中得到的满足程度是递减的。第二，一种商品往往有几种用途，消费者总是将前一单位商品用在较重要的用途上，将后一单位的商品用在次重要的用途上。总之，边际效用越大，其价值就越大，能够满足消费者的总效用就越大，价格就越高。

因此，湿地生态系统服务价值的核算，必须建立在理解分析消费者主观认识和满足度的基础上，效用论是进行湿地生态系统服务价值核算的理论基础，因为物品只有具有了效用才会有价值，有价值才能进行价值核算。

三、生态经济学理论

生态经济学是 20 世纪六七十年代产生的一门新兴学科，但人类社会经济同自然生态环境的关系自古以来就普遍存在。生态经济学是研究生态系统和经济系统的复合系统的结构、功能及其运动规律的学科，即生态经济系统的结构及其矛盾运动发展规律的学科，是生态学和经济学相结合而形成的一门边缘学科。

生态经济学是将经济学和生态学相结合，围绕着人类经济活动与自然生态之间相互作用的关系，研究生态经济结构、功能、规律、平衡、生产力及生态经济效益，生态经济的宏观管理和数学模型等内容。旨在促使社会经济在生态平衡的基础上实现持续稳定发展，生态经济学作为一门独立的学科，是 20 世纪 60 年代后期正式创建的。美国海洋生物学家蕾切尔·卡逊在 1962 年出版的《寂静的春天》一书中，首次结合经济社会问题开展生态学研究。几年后，美国经济学家肯尼斯·鲍尔丁在《一门科学——生态经济学》一书中正式提出生态经济学的概念及太空船经济理论等。

四、可持续发展理论

可持续发展的概念，最先于 1972 年在斯德哥尔摩举行的联合国人类环境研讨会上正式讨论。这次研讨会云集了全球的工业化和发展中国家的代表，共同界定人类在缔造一个健康和富有生机的环境中所享有的权利。自此以后，各国致力界定可持续发展的含义，目前已拟出的定义已有几百个之多，涵盖范围包括国际、区域、地方及特定的层面。

可持续发展是人类对工业文明进程进行反思的结果，是人类为了克服一系列环境、经济和社会问题，特别是全球性的环境污染和广泛的生态破坏，以及它们之间关系失衡所做出的理性选择，"经济发展、社会发展和环境保护是可持续发展的相互依赖互为加强组成部分"，中国对这一问题也极为关注。1991 年，中国发起召开了"发展中国家环境与发展部长会议"，发表了《北京宣言》。1992 年 6 月，在里约热内卢世界首脑会议上，中国政府庄严签署了环境与发展宣言。1994 年 3 月 25 日，中华人民共和国国务院通过了《中国 21 世纪议程》。为了支持议程的实施，同时还制订了《中国 21 世纪议程优先项目计划》。1995 年，中国政府把可持续发展作为国家的基本战略。

可持续发展观作为人类全面发展和持续发展的高度概括，不仅要考虑自然层面的问题，甚至要在更大程度上考虑人文层面的问题。因此，许多文献研究可持续发展，都把视野拓展到了自然和人文两个领域，不仅要研究可持续的自然资源、自然环境与自然生态问题，还要研究可持续的人文资源、人文环境与人文生态问题。从单纯地关注自然—社会—经济系统局部的自然属性，到同时或更加关注社会经济属性，以把握人与自然的复杂关系，寻找全球持续发展的途径，这是现代生态学研究的一个重要特征，也是环境社会学与社会生态学兴起的根源。

自 20 世纪末以来，由于人类面临日益严重的各种"生态问题"，因而可持续发展问题成为备受人类关注的热门话题。可持续发展作为一种新的发展模式和发展观，也日益深入人心，并被越来越多的国家作为一种社会发展战略付诸实践，这是人类社会文明进程中质的飞跃。但就目前情况看，对可持续发展内涵的理解仍不尽一致，甚至在一些基本问题上尚未形成共识，如人在可持续发展中的地位问题。这就直接关系到如何把握可持续发展观的本质以至能否真正实现可持续发展的根本性问题。

第五节　　生态系统服务价值评估常用方法

第五节　　生态系统服务价值评估常用方法

20 世纪 70 年代以后，随着福利经济学对消费者剩余、机会成本、非市场化商品与环境等公共产品价值的思考，生物多样性经济价值的评估研究逐步形成了一套比较完整的理论、方法体系。OECD（1996）将评估方法分为 3 类，即实际市场价格法、模拟市场法和替代市场法。目前有关湿地功能估算的方法有很多，比较常用的是价值量评价法和能值分析方法。这两种方法主要是从货币价值量的角度，对湿地生态系统提供的产品或服务产生的效益进行定量评价。从资源经济学的角度考虑，当我们需要把湿地各项效益转化为经济数值时，对湿地生态系统服务功能进行分类是非常必要的，因为技术方法体系是与此相对应的。湿地生态系统服务价值构成主要包括直接使用价值、间接使用价值、存在价值、选择价值和遗产价值。直接价值最经得起市场估值的检验；间接价值可以运用基于市场的方法，也可以通过了解人们的支付意愿来评估；湿地生态系统服务功能的存在价值、遗产价值和选择价值也即社会效益只能通过对消费者的偏好的调查获得。当前，在湿地生态系统服务价值估算方法中较多采用的评价技术有以下几种方法。

一、市场价格法

市场价格法（conventional market approaches）是研究生物多样性提供的商品和

湖沼湿地生态系统服务及其评价 ～～～～～ 044

服务在市场上交易所产生的货币价值的方法，如野生动植物产品和旅游服务产品等，以及虽没有费用支出但有市场价格的产品和服务等生物多样性经济价值的评估。市场价格法包括市场价值法和费用支出法。费用支出法是从消费者的角度来评价生物多样性的经济价值，它以人们对生物多样性生态服务功能的支出费用来表示其经济价值。例如，对于森林自然景观的游憩效益，可以用游憩者支出的费用总和（包括往返交通费、餐饮费用、住宿费、门票、设施使用费、摄影费、购买纪念品和土特产的费用等）作为森林游憩的直接经济价值。理论上，市场价格法是一种合理方法，也是目前评估生物多样性直接使用价值应用最广泛的评价方法。但由于生物多样性功能、价值种类繁多，因此，国外环境经济学家还发展了其他评估方法。

二、替代市场法

替代市场法（surrogate market approaches）是间接运用市场价格来评估生物多样性价值的方法，其原理主要是根据人们赋予环境质量的价值，可以通过他们为优质环境物品享受或者是为防止环境质量的退化所愿意支付的价格来推断。该方法采用先定量评价某种生态功能的效果，然后以这些效果的市场替代物的市场价格为依据来评估其经济价值。旅行费用法（TCM）、享乐价值法（HP）、规避损害法（AB-DE）、预防疾病费用法、生产力价值变化法等均属于替代市场法，并在生物多样性经济价值的评估中得到广泛应用。在实际评价中，替代市场法通常有 2 类评价过程，一是理论效果评价法，分为 3 步：首先计算某种生物多样性功能的定量值，如涵养水源的量、CO_2 固定量、农作物增产量；其次，确定生态功能的"影子价格"，如涵养水源的定价可根据水库工程的蓄水成本，固定 CO_2 的定价可以根据 CO_2 的市场价格；最后计算其总经济价值。二是环境损失评价法。这一方法与环境效果评价法类似。例如，评价保护土壤的经济价值时，用生态系统破坏所造成的土壤侵蚀量及土地退化、生产力下降的损失来估计。

三、模拟市场法

对于公共商品而言，因其没有市场交换和市场价格，因此支付意愿的两个部分（实际支出和消费者剩余）都不能求出，也就无法通过市场交换和市场价格进行评估。西方经济学发展了假设市场方法，即直接询问人们对某种公共商品的支付意愿，以获得公共商品的价值，这就是条件价值法（CVM）。条件价值法适用于缺乏实际市场和替代市场交换商品的价值评估，是公共商品价值评估的一种特有的重要方法，它能评估生物多样性的各种经济价值。条件价值法属于模拟市场技术方法，它的核心是直接调查咨询人们对生物多样性保护的支付意愿或接受补偿意愿，并以支付意愿和净支付意愿或接受补偿意愿和净接受补偿意愿来表达生物多样性的经济价值。条件价值法在生物多样性的经济价值评估中得到广泛的应用，尤其是对非使用价值的评估。但条件价值法同时也受到不同方面的冲击和责难，主要集中在它的理论与有效性等方面。对条件价值法的理论和应用的有效性问题，许多学者仍认为，CVM 用个人意愿偏好的直接调查法易出现"搭便车"行为，被调查对象有意夸大或减小支付意愿，因而难以显示真实的支付意愿，生物多样性的货币价值也就难以评估。尽管如此，Clark（2000）认为，CVM 的应用有助于决策者和公众充分认识生物多样性的内在价值，有利于生物多样性保护与可持续利用。Smith（1997）等研究了人们保护海滨质量的支付意愿。在充分讨论和评价旅行费用法、享乐价值法、条件价值法和家庭生产力模型的基础上，提出了校准法和联合法 2 种新的评估方法。Jakobsson（2001）等采用条件价值法讨论了濒危物种的保护价值，强调了对被评估对象的准确描述、严密的调查问卷设计、应用和结果的分析的重要性，表明条件价值法确实能为决策过程提供经济参考信息。Jorgensen（2001）等研究了回答者的不同反应，认为 CVM 研究人员给予回答者对评估过程产生公正性的感觉可以减少某误差。Nunes（2001）等强调条件价值法是迄今为止用得最多也是唯一能够评估非使用价值的方法。Macmillan（2001）等通过采用支付意愿和补偿意愿的条件价值法的统计模型，对 6 个生物多样性保护项目进行了研究，认为既要考虑回答者的支付意愿（WTP），又要考虑回答者的受偿意愿（WTA），CVM 分析法才不会使项目的效益产生偏差。Kaplowitz(2001)认为大多数研究更关注于"价值是什么"，而并不关注"人们估价的是什么"。许多定量方法不是致力于系统研究，而是以投机为主。

分组与个体的统计研究表明二者调查获取的资料都很重要但并不相同；将二者结合的调查方法获取的结果更为有效。

近年来，条件价值法主要集中在运用条件和有效范围等方面的研究。由于条件价值法的关键是支付意愿的确定，因此，许多学者围绕如何揭示支付意愿调查的程序、方法和问卷设计等问题，进行了大量的研究。Mitchell 和 Carson（1989）等认为 CVM 在实际应用中存在各种偏差，主要包括策略性偏差、起点偏差、局部和整体偏差、抽样范围偏差、样本设计和执行偏差、假想偏差、推理偏差等。Pearce 和世界银行的研究表明，CVM 偏差在 60% 范围内的变化均是合理和可信的。美国国家海洋和气象管理局（NOAA）（1993）专家组认为 CVM 产生的偏差可以采取对应的方法和技术来消除或减小，建议尽可能采用直接调查法代替电话调查和邮件调查，以获得更可靠和更多的调查结果，在调查问题回答上采用选择是或否的二分法，避免和减少歧义的产生，在调查问题的设计上应尽量避免有相互影响的多个问题出现（徐慧，2003）。

四、研究方法的优缺点分析

上述 3 大类方法中，市场价格法和模拟市场法属于直接评价技术，替代市场法为间接评价技术。市场价格法根据对市场行为的观察，要求被评估对象有明确的市场价格。该方法简单方便，缺点是只能估算有市场价格的直接实物的使用价值。模拟市场法根据经济学的效用理论，通过导出消费者的 WTP 或 WTA 确定评价对象的补偿变差或等价变差，从而估算出评价对象的价值。虽然 CVM 研究在实践中仍存在许多问题和争论，但由于它是生物多样性经济价值重要组成部分——存在价值的唯一评估方法，仍受到了许多学者和政府的推崇。替代市场法特别适合于评估非实物使用价值和间接使用价值，但该方法在使用过程中也存在一些问题。如，TCM 方法为了研究的方便，有许多人为规定的假设条件。总之，虽然各种方法评估的结果认为生物多样性有非常重要的社会经济价值，但依据这些方法的仍不能评估生物多样性效益的全部价值。因此，生物多样性的经济价值的评估只给未知的生物多样性价值提供了一个不完整的、底线的估计值。表 2-4 从适用范围与条件、主要优点及方法使用中的局限性几个方面对生物多样性经济价值评估的主要方法进行了比较。

表 2-4　自然保护区成本效益计量方法优缺点比较

方法	具体方法	使用范围及优缺点
常规市场评估技术	市场价值法	适用于有实际市场价格的生态系统服务功能的价值评估。主要局限性在于生态系统的复杂性和动态性，导致其服务的供应水平难以预测；同时会因对其服务所对应的可以市场化的商品之间内在联系缺乏了解，而使评价结果的可信度受到置疑
	影子工程法	优点是将本身难以用货币表示的生态系统服务价值用其影子工程来计算，将不可知转化为可知。缺点是影子工程的非唯一性使估算结果存在较大差异；效用的异质性，导致运用影子工程法不能完全替代生态系统给人类提供的服务。用于评价生态系统固定 CO_2 和释放 O_2 的造林成本法即属于影子工程法
	恢复费用法	该方法的评估结果只是对生态系统服务价值的最低估计
	机会成本法	该方法使用潜在的支出确定生态环境资源变化的价值，比较适用于对具有惟一特性或不可逆特性的自然资源开发项目的评估
替代市场评估技术	影子价格法	用于评价生态系统固定 CO_2 价值的碳税法和用于评价生态系统释放 O_2 价值的工业制氧法均属于影子价格法
	旅行费用法	优点是理论通俗易懂，所需数据可通过调查、年鉴和有关统计资料获得；局限性是由于评价结果受不同分析者的影响，使得结果的代表性以把握
	享乐价格法	可以用来确定环境或娱乐景观的价值，该方法的使用使人们乐观地认为进行交易的商品总会存在一些可以度量的特性用来预测其价格，缺点是要求很高的经济统计技巧，需要大量的精确数据（常难以获得）
假想市场评估技术	条件价值评估法	适用于那些没有实际市场、替代市场和市场价格的生态系统服务功能的价值评估，是公共物品价值评估的重要方法。缺点是评估的依据不是基于真实的市场行为，问题设计的合理性、问卷提供的信息、问题提出的顺序等都会影响评估结果。所以或有估价法的调查结果容易存在信息偏差、起点偏差、假想偏差、策略偏差等而难免偏离实际价值量；另外，需要大样本的数据调查，费时费力

资料来源：根据欧阳志云等，2000；陈百明等，2003；徐中民等，2003；杨光梅等，2006 整理。

参考文献

陈百明，黄兴文，2003. 中国生态资产评估与区划研究 [J]. 中国农业资源与区划，24（6）：20-24.

郭中伟，李典谟，1999. 生物多样性经济价值评估的基本方法 [J]. 生物多样性，7（1）：60-67.

李文华，2002. 生态系统服务功能与减轻自然灾害 [A].

中国科学技术协会，中国生态学学会，2002. 中国科协 2002 年减轻自然灾害研讨会论文汇编之八 [C]. 8.

欧阳志云，王如松，2000. 生态系统服务功能、生态价值与可持续发展 [J]. 世界科技研究与发展，22（5）：45-50.

徐慧，彭补拙，2003. 国外生物多样性经济价值评估研究进展 [J]. 资源科学，25（4）：102-109.

杨光梅，李文华，闵庆文，2006. 生态系统服务价值评估研究进展国外学者观点 [J]. 生态学报，26（1）：205-212.

张帆，1998. 环境与自然资源经济学 [M]. 上海：上海人民出版社 .

Barbier E B，1993. Sustainable use of wetlands-valuing tropical wetland benefits: Eeconomic methodologies and applications[J]. The Geographical Journal，159（1）：22-35

BarbierE.B，1994.Valuingenvironmentalfunctions: Tropical Wetlands[J]. Land Economics，70：155-173.

Bradley S. Jorgensen，Mathew A. Wilson，Thomas A，2001. Heberlein Fairness in the contingent valuation of environmental public goods: attitude toward paying for environmental improvements at two levels of scope [J]. Ecological Economics，36（1）：133-148. Nunes，2001.

Clark J. Burgess J，Harrison C M，2000. "I struggled with this money business": rRespondents' perspectives on contingent valuation [J]. Economical Economics，33（1）：45-62.

Daily G，1997.Nature's Services: Societal dependence on natural ecosystems [M]. Washington，DC: Island Press.

Daily G，1997.What are ecosystem services？ In: DailyGed.Nature's Services: Societal Dependence on Natural Ecosystems[M].Washington，DC: Island Press.

Douglas C, Macmillan, Elizabeth I. Duff and David A. Elston, 2001. Modeling the non-market environmental costs and benefits of biodiversity projects using contingent valuation data [J] Environmental and Resource Economics, 18（4）: 391-410.

Ehrlich P R, 1981. Extinction: The Causes and Consequences of the Disappearance of Sspecies[M]. New York: Random House.

Finlayson M, Cruz R D, Davidson N, 2005.Millennium Eecosystem Aassessment: Ecosystems and Hhuman well-being: Wetlands and Wwater Ssynthesis[R]. Washington: World Resources Institute.

Gordon Irene M, 1992. Nature function[M]. New York: Spinger-Verlag.

Kaplowitz M D, Hoehn J P, 2001 .Do focus groups and individual interviews reveal the same information for natural resource valuation[J]. Ecological Economics, 36: 237-247.

Kondratyev K Y, 1998. Multidimensional Global Change[M]. Chichester: John Wiley & Sons Ltd.

Kristin M., Jakobsson and Andrew K, 2001. Dragun The worth of a possum: vValuing species with the contingent valuation method[J]. Environmental and Resource Economics, 19（3）: 211-227.

Mitchell, Carson, 1989. Using Ssurveys to Vvalue Ppublic Ggoods: The Ccontingent Vvaluation Mmethod[M]. Washington, D C: Resources for the Future.

Odum E P, 1983. Basic ecology[M]. Saunders College Publishing.

OECD, 1995.The economic appraisal of environmental protectsand policies: A practical guide.

经济合作与发展组织, 1996. 环境项目和政策的经济评价指南 [M]. 施涵, 陈松, 译 . 北京: 中国环境科学出版社 .

Pearce D W, Markandya A, 1989.The Bbenefits of Eenvironmental Ppolicy: Monetary Vvaluation [M]. Paris: OECD.

Pearce D W, 1995.Blueprint 4: Capturing Gglobal Eenvironmental Vvalue[M].London: Earthscan.

Robert Costanza, Ralphd' Arge, Rudolfde Grootalt, 1997. The Vvalue of the World's ecosytem Sservices and Nnatural Ccapital[J].Nature, 387: 253-260.

Robert Costanza, 1998. What is ecological economics ？ Coastaland Environmental Pohy Program, Center for Environmental and Estuarine Studies[J].Universityo/MaTland, Solomons.

MD 20688-0035（O.S.A.）.

TurnerR.K.，C.J.M.Jeroen，B.Vanden，T.Soderqvist，et al，2000.Ecological-economic analysis of wetlands：sScientific integration for management and policy[J].Ecological Economics，35（1）：7-23.

V. Kerry Smith，Zhang Xiaolong，Raymond B, et al，1997. Marine debris，beach quality, and non-market values[J]. Environmental and Resource Economics，10（3）：223-247.

第 三 章

湖沼湿地生
态系统服务
评价指标体
系 的 建 立

张曼胤 摄

一、湖沼湿地生态系统的结构、过程、功能与服务的相互关系

　　湖沼湿地生态系统功能是指湖沼湿地生态系统与生态过程所形成以及所维持的人类赖以生存的自然环境条件和效用。湖沼湿地生态特征是指湖沼湿地生物化学及物理组分之间的结构及相互关系，主要包括生态系统组分结构及生态过程，而生态特征变化是指湿地生态过程及功能的削弱或失衡。湖沼湿地生态系统结构、过程、功能及提供给人类的服务之间的关系极其复杂，是生态系统服务评估结果纳入管理决策面临的重大挑战。湖沼湿地生态系统结构是指构成湖沼湿地生态系统的生产者、消费者、分解者和非生物组分在时间和空间上的分布与配置，例如：芦苇和香蒲是湖沼湿地生态系统的组分，也是湖沼湿地生态系统结构的一部分。

　　湖沼湿地生态系统过程是湖沼湿地生态系统生物组分和非生物组分相互作用而发生的物质循环和能量转化的动态过程。湖沼湿地生态系统功能是结构和过程相互作用的结果，是湖沼湿地提供实际生态系统服务的能力（不同于潜在能力）。湖沼湿地生态系统功能取决于湿地内部的生物组分和非生物组分之间的相互作用，是湿地内部各种过程的表现形式（例如：净初级生产力、营养物保持量、蒸散发量），同时又是湖沼湿地生态系统提供产品和服务能力的体现，但湖沼湿地生态系统功能不考虑受益者是否能够识别、利用或对其赋予价值。

一般来说，生态学家并没有严格区分生态系统过程和生态系统功能，但在生态系统服务的核算过程中，区分生态系统过程和生态系统功能具有重要的作用。湖沼湿地生态系统结构是支撑其过程和功能的重要要素，当生态系统过程和功能被受益者直接消耗或利用时，就成为生态系统最终服务（图3-1）。湖沼湿地生态系统最终服务是人类直接利用湖沼湿地生态系统的自然组分对效益的贡献，是与人类福祉有直接相关性的生态物质量或功能量，是生态学家测度、经济学家评估、管理决策和政策设计参考的通用指标。明确湖沼湿地生态结构、过程、功能、服务之间的相互关系对准确评估与预测湖沼湿地生态系统服务、管理湖沼湿地具有重要意义。通过统计数据、野外监测、遥感监测、数值模拟模型、生态生产函数构建湖沼湿地生态系统结构、过程、功能和服务之间的数学函数关系能够明确生态系统结构、过程和功能的边际变化对生态系统服务的影响，为确定管理目标提供建议。

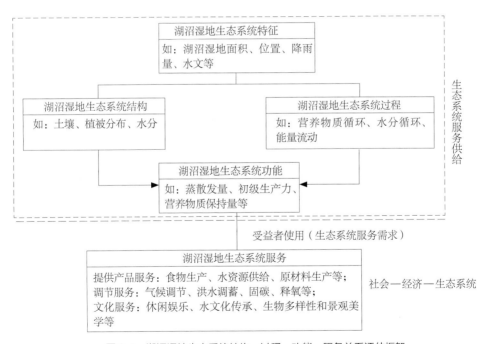

图3-1　湖沼湿地生态系统结构、过程、功能、服务关系评估框架

二、湖沼湿地生态特征变化与
生态系统服务功能的互馈机制

湖沼湿地生态系统服务保护规划和生态补偿是加强湖沼湿地生态系统服务保护和管理的有效途径，是生态系统服务研究与政策设计的有力结合。综合运用生态学、社会学、经济学和管理学等手段开展湖沼湿地生态系统服务动态评估，不仅是揭示湖沼湿地生态系统服务动态变化、时空权衡关系，实现湖沼湿地生态系统服务优化管理的重要基础；而且有助于确定生态系统服务提供者和受益者的空间分布，是实施生态补偿等政策的重要经济驱动机制。

基于湖沼湿地生态系统服务评估的重要性，国内外学者近 20 年开展了大量评估案例研究。但由于数据缺乏，现有研究主要采用以下 2 种方法评估湖沼湿地生态系统服务：①基于专家咨询、文献综述等方法，列举湖沼湿地生态系统提供的所有生态服务（包括中间服务和最终服务），用已有监测数据（生态结构或组分指标）、统计数据（效益指标）核算和评估生态系统服务价值；②忽视湖沼湿地生态特征和生态系统服务受益者的空间差异及边际效应特征，基于土地利用／土地覆盖数据，直接采用效益转化法评估湖沼湿地生态系统服务价值。

湖沼湿地生态系统服务从价值评估走向管理实践和政策设计面临着多方面的挑战，其中最主要的一个方面是湖沼湿地生态系统特征变化与生态系统最终服务的互馈机制。针对湖沼湿地生态系统特征变化与生态系统最终服务互馈机制研究的难点，我们综合运用跨学科手段（生态学、社会学、经济学、管理学），构建了研究湖沼湿地生态特征变化与生态系统服务互馈机制的方法，共包括 7 个步骤 3 个主要方面（图 3-2）：①使用生物物理模型、野外监测和统计数据评估湖沼湿地生态系统特征；②使用生态终端来确定生态系统最终服务；③构建生态生产函数来定量化生态系统特征和生态系统最终服务的互馈机制。

采用生物物理模型分析生态特征：生态学家普遍采用生物物理模型（经验模型或过程模型）来分析不同时间和空间尺度的生态特征。经验模型主要用于确定环境因子或管理措施与生态系统功能之间的统计关系（例如：通用水土流失方程）。在快速预测中，经验模型效用明显，但在确定阈值或已有数据和模型基础无法为推断提供支撑时，经验模型就会出现问题。相比较而言，过程模型起源于生态学因果关系理论，在管理决策中的效用逐步达成共识。过程模型是预测①不同时间和空间尺度生态产出；②阈值水平；③管理措施对生态功能影响非常有力的工具。如何采用已有过程模型来核算生态系统服务。对于复杂的湖沼湿地生态系统，我们建议研究人员采用过程模型模拟生态特征（关键特征），并作为生态系统生产函数的输入。采用过程模型模拟生态特征，并与生态生产函数整合，是研究人员确定生态系统特征变化和生态系统服务互馈机制的关键步骤。

利用终端（endpoint）确定生态系统最终服务：对于大多数从事生态系统服务研究的科研人员而言，选取合适的生态系统最终服务指标是生态系统服务核算过程中的主要难点。目前，决策者和经济学家主要采用终端来制定管理目标，并表征我们当前面临的一系列环境问题，如濒危物种、休闲娱乐质量、空气和水质、自然灾害等。理论上，终端等同于最终服务，是管理者的管理目标，反映了要保护的生态系统的实际环境价值。然而，终端实际用途包括：①不考虑人类福祉等组分的生态终端（反映生态系统健康的指

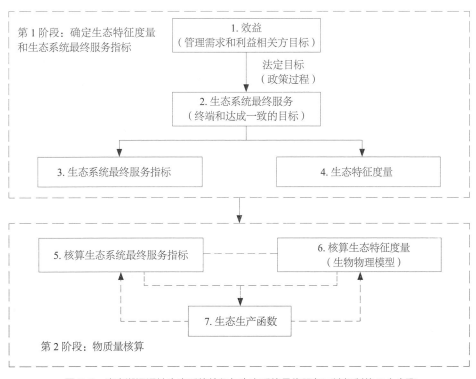

图 3-2　确定湖沼湿地生态系统特征与生态系统最终服务互馈机制的 7 个步骤

标）；②忽视生态功能的人类健康终端（水质等环境标准）。终端自身忽视了生态功能与人类选择的相互关系。生态系统服务方法试图解决终端面临的问题，但我们在使用终端确定最终服务时需要相应的规范，为管理决策提供基础。我们建议遵循以下3个方面的规范：①需有明确的社会价值；②与管理直接相关；③可测度。生态生产函数是研究生态系统特征对生态系统最终服务边际影响的重要方法。跟经济评估函数确定产品输入和输出的数学函数关系类似，生态生产函数通过生物物理模型和统计学方法确定生态系统结构、过程、功能（解释变量）和生态系统最终服务（响应变量）的数学函数关系，进而定量化生态系统最终服务的时空权衡关系及其对生态特征变化的边际响应特征（图3-3）。

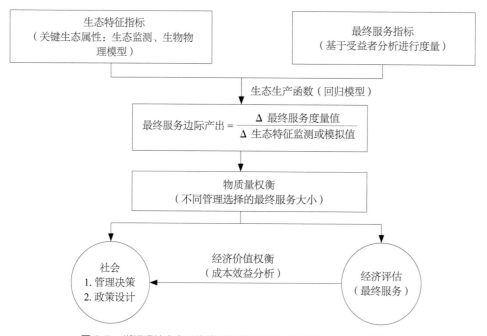

图3-3　湖沼湿地生态系统特征与生态系统最终服务生态生产函数关系

第二节　湖沼湿地主导服务的确定

一、湖沼湿地主导服务的筛选

生态系统服务功能的形成依赖于一定的空间和时间尺度上的生态系统结构与过程，只有在特定的时空尺度上才能表现其显著的主导作用和效果。不同尺度的生态系统服务功能对不同行政尺度上的利益相关方具有不同的重要性。一般而言，生态系统产品提供功能往往与当地居民的利益更密切；调节服务和支持服务通常与区域、全国，甚至全球尺度的人类利益相关；文化服务则与本地和全球尺度上的利益相关方关系密切。由于不同尺度的生态系统服务功能有时互相冲突，从而可能导致不同的生态系统管理策略。

表 3-1　湿地生态系统服务功能的尺度

湿地生态系统服务功能	服务功能的提供者	空间尺度
产品	湿地物种	局域—全球
气候调节	湿地植物	局域—全球
土壤形成与肥力	枯枝落叶层和无脊椎动物、土壤微生物、固氮植物	局域

湿地生态系统服务功能	服务功能的提供者	空间尺度
水质净化	湿地动植物、微生物	局域—区域
防洪抗旱	植被	局域—区域
授粉	昆虫、鸟类等	局域
美学、文化	所有生物	局域—全球

由于支持服务是为湿地生态系统自身服务，不是最终产品，不应当予以估价。在研究中，我们构建了基于供给、调节和文化三类最终服务的湖沼湿地生态系统服务功能评价指标体系。并在国内外学者研究的基础上（表 3-2），结合我国湖沼湿地的实际情况，根据科学、全面、操作性强的原则，采用文献收集及专家咨询法对湖沼湿地主导服务功能进行筛选，并设置湖沼湿地生态系统服务价值评估指标体系。指标体系主要包括供给（A_1）、调节（A_2）和文化（A_3）三大类，12 项湖沼湿地生态系统服务，29 个评价指标。其中，除了谷物和泥炭（均为供给服务）两个指标外，其余 27 项指标都在现有评价范围内；而沼泽类型湿地有 7 个评价指标（均为供给服务）不在评价范围内。

表 3-2　湿地生态系统服务价值计量指标体系汇总

指标	Costanza	谢高地	崔保山	欧阳志云	李文华	崔丽娟	赵士洞	庄大昌	千年评估	赵景柱	辛琨	孙玉芳	贺桂芹	戴兴安	马翠欣
物质生产	√	√	√	√	√	√	√	√	√	√	√	√	√	√	√
水质净化	√	√	√	√	√	√	√	√	√	√	√	√	√	√	√
调蓄洪水	√	√	√	√	√	√	√	√	√	√	√	√	√	√	√

指标	Costanza	谢高地	崔保山	欧阳志云	李文华	崔丽娟	赵士洞	庄大昌	十年评估	赵景柱	辛琨	孙玉芳	贺桂芹	戴兴安	马翠欣
生物多样性维持/生物栖息地保护	√	√	√	√	√	√	√	√	√	√	√	√	√	√	√
休闲娱乐	√	√	√	√	√	√	√	√	√	√	√	√	√	√	√
土壤保持	√	√	√	√	√	√	√	√	√	√	√	√	√	√	√
营养循环	√	√	√	√	√	√	√	√	√	√	√	√	√	√	√
降解污染物	√	√	√	√	√	√	√	√	√	√	√	√	√	√	√
大气调节	√	√	√	√	√	√	√	√	√	√	√	√	√	√	√
水源涵养	√	√	√	√	√	√	√	√	√	√	√	√	√	√	√
科研文化	√	√	√	√	√	√	√	√	√	√	√	√	√	√	√
内陆航运					√		√			√					
水资源供给	√	√	√	√	√	√	√	√	√	√	√	√			
水利发电	√		√	√				√					√		
非使用价值	√		√	√	√	√	√	√		√	√	√	√		

二、湖沼湿地主导服务产生的生物学过程、物质循环特点及功能作用强度

1. 湖沼湿地生物学过程

湖沼湿地生物学过程本质是湖沼湿地生态系统的演替过程，是指随着时间的推移，一种湿地生态系统类型（或阶段）被另一种湿地生态系统类型（或阶段）替代的顺序过程。从一个湖沼湿地的演替过程可以看出，水生演替系列实际上是湖沼湿地生物填平的过程，这个过程是从湖沼湿地的边缘向中央开敞水面逐渐推进的。因此，我们可以在离岸不同距离的地方看到处于同一演替系列中不同阶段的几个群落，这些群落都为围绕着湖中心的开敞水面呈环状分布，并随着时间的变化改变其位置。每一个群落在发展的同时都在改变着环境条件并创造着新的湿地环境条件。

湖沼湿地生态系统通过生物学过程、物质循环以及能量流动将陆地生态系统与水域生态系统联系起来，是自然界中陆地、水体和大气三者之间相互平衡的产物。湖沼湿地这种独特生境使它具有丰富的陆生与水生动植物资源。湖沼湿地水流速度缓慢，有利于污染物沉降与分解。在湖沼湿地中生长的植物、微生物等通过湿地生物地球化学过程的转换，包括物理过滤、生物吸收和化学合成与分解等，将生产生活污水中的污染物吸收、分解或转化，使水体得到净化。湖沼湿地生物群落是一个随着时间的推移而发展变化的动态系统。在群落的发展变化过程中，一些湿地物种的种群消失了，而另一些湿地物种的种群随之而兴起，最后，湿地群落会达到一个稳定阶段（表3-3）。

2. 湖沼湿地物质循环特点

物质能够在湖沼湿地生态系统中进行区域小循环并参与全球地质大循环，循环往复，分层分级利用，从而达到取之不尽，用之不竭的效果。物质循环包括物质的多层利用，物质的利用率提高，减少对环境的污染。湿地生态系统中，植物、动物、微生物和非生物成分一方面不断地从自然界摄取物质并合成新的物质，另一方面又随时分解为简单的物质，即所谓"再生"，这些简单的物质重新被植物所吸收，由此形成不停顿的物质循环。因此要严格防止有毒物质进入生态系统，以免有毒物质经过多次循环后富集到危及人类的程度（表3-3）。

表 3-3　典型湖沼湿地生态系统服务功能强度

服务（A）	主导功能	生物学过程	物质循环特点	功能作用强度
供给服务（A_1）	食物供给（A_{11}）	生物物种因其相关关系，使得生态系统具有明显的演替过程	单向逐级供应，物质借助捕食关系实现循环特征；同时有毒物质具有逐级富集特点	◇◈◆◆◆
	原材料供给（A_{12}）	—	单向供应，除了生物质材料具有可持续供应特点，其他材料均有单项用尽枯竭特点	◇◈◈◆◆
	航运（A_{13}）	—	—	◈◆◆◆◆
	淡水供给（A_{14}）	—	具有可持续循环特征，除了供给生态系统需水以外，还供给人类的生产生活用水	◆◆◆◆◆
	电力供给（A_{15}）	—	湿地电力供应通过水的势能这一物质表现出来，其水的运动导致的能量流动是单方向、逐级递减的。因此，水的不断循环是电力供给的前提	◇◇◈◆◆
调节服务（A_2）	防洪蓄水（A_{21}）	湿地植物起到缓冲流速和续存水分的作用	—	◆◆◆◆◆
	水质净化（A_{22}）	微生物起到降解污染物作用，植物通过拦截沉降、吸附和吸收实现污染物降解	物质的流动是循环式的，各种物质都能以可被植物利用的形式重返环境	◈◆◆◆◆
	气候调节（A_{23}）	—	—	◈◆◆◆◆

服务（A）	主导功能	生物学过程	物质循环特点	功能作用强度
调节服务（A_2）	固碳（A_{24}）	湿地植物通过吸收 CO_2 形成生物质固碳	碳元素通过生物固定形式存在于生物体内	◇◇◈◇◆
	大气组分调节（A_{25}）	湿地植物通过吸收或者释放 CO_2 形成生物质固碳	甲烷、氧气能够借助生物等作用实现循环	◇◇◈◇◆
文化服务（A_3）	科教（A_{31}）	—	—	◇◇◇◈◆
	休闲旅游（A_{32}）	—	—	◇◇◇◈◆

注：◆ 代表极强，◈ 代表较强，◇ 代表微弱。

　　湖沼湿地生态系统物质输入输出的平衡规律，又称协调稳定规律。当一个自然生态系统不受人类活动干扰时，生物与环境之间的输入与输出，是相互对立的关系，对生物体进行输入时，环境必然进行输出，反之亦然。生物体一方面从周围环境摄取物质，另一方面又向环境排放物质，以补偿环境的损失。也就是说，对于一个稳定的生态系统，无论对生物、对环境，还是对整个生态系统，物质的输入与输出总是相平衡的。当生物体的输入不足时，例如农田肥料不足，或虽然肥料（营养成分）足够，但未能分解而不可利用，或施肥的时间不当而不能很好的利用，结果作物必然生长不好，产量下降。同样，在质的方面，也存在输入大于输出的情况。例如人工合成的难降解的农药和塑料或重金属元素，生物体吸收的量即使很少，也会产生中毒现象；即使数量极微，暂时看不出影响，但它也会积累并逐渐造成危害。另外，对湖沼湿地生态系统而言，如果营养物质输入过多，环境自身吸收不了，打破了原来的输入输出平衡，就会出现富营养化现象，如果这种情况继续下去，势必毁掉原来的湖沼湿地生态系统。

3. 湖沼湿地功能作用强度

通过中外文数据库以及文献追溯法，收集国内外 1985~2014 年公开发表的湿地生态系统价值评价、湿地生态功能评价有关文献资料。数据库主要包括中国期刊网全文数据库、万方数据、Elsevier ScienceDirect、WileyInterScience、ProQuest-ABI / INFORM 和 PubMed。中文关键词为湿地生态功能、湿地生态系统价值、湿地价值、湿地生态系统服务、湿地服务、湿地评价，英文关键词为 wetland ecosystems、wetland ecological function、value、the wetland value、wetland ecosystem service、wetland service、wetland assessment。

（1）文献资料入选标准。文献资料应满足以下几个方面的要求：①必须是以湿地价值或者功能作为研究设计；②文献中必须有明确的不同功能或者不同价值比较研究；③文献中必须有较为详细的评价结果排序结论；④对重复报告、质量较差、报道信息太少的文献给予剔除。

（2）文献数据和结论可靠性分析。Meta 回归分析采用最小二乘法（ordinary least squares，OLS）估计回归系数。OLS 要求数据同时满足独立性、正态性和方差齐性。由于现有统计生命价值（value of statistical life，VSL）相关变量数据均来源于不同的研究中，各研究采用的数据结构、样本量、估计方法等都不尽相同，这些差异可能会导致方差非齐性；另一方面，OLS 在样本量不大时很容易受到异常值的影响。因此，必须检验数据结构是否适合 OLS 的前提假设。Shapiro-Wilk 法用于正态性检验，P 不小于 0.05 时，认为数据满足正态性；White 法主要检验数据是否满足方差齐性，当 P 不小于 0.05 时，没有足够的理由拒绝方差齐性的假设。

（3）功能排序结果。将可靠性高的，符合评价结果的文献进行综合统计整理，并考虑湿地功能作用强度分析结果，明确湖沼湿地主导功能作用强度。对于强度的比较，我们采用三种符号（◆、◈ 和 ◇）数量不同配比来表达。其中，◆ 代表极强，◈ 代表较强，◇ 代表微弱。如 ◆◆◆◆◆ 表示某一湖沼湿地功能作用强度最强，而 ◇◇◇◇◇ 表示某一湖沼湿地功能作用强度最弱（表 3-3）。

第三节 湖沼湿地生态系统服务评价指标体系

　　鉴于以上对湖沼湿地生态系统生态过程、特征及对湖沼湿地主导服务的筛选，最终确定了湖沼湿地生态系统服务价值评价的指标体系（表3-4）。主要包括供给（A_1）、调节（A_2）和文化（A_3）3大类，12项湖沼湿地生态系统服务，29个评价指标。

表 3-4　湖沼湿地生态系统服务价值评价指标体系

服务（A）		指标	湖泊	沼泽
供给服务（A_1）	食物（A_{11}）	食用动物（鱼、虾、蟹等）	√	
		食用植物（藕等）	√	√
		谷物		√
	原材料（A_{12}）	经济作物（饲料、造纸）	√	√
		泥炭		√
	原材料（A_{12}）	珍珠	√	
		中草药	√	
		砂	√	
	航运（A_{13}）	运载量	√	
		运载路线长	√	

（续）

	服务（A）	指标	湖泊	沼泽
供给服务（A_1）	淡水供给（A_{14}）	生活用水	√	√
		工业用水	√	√
		灌溉用水	√	√
	电力供给（A_{15}）	发电量	√	
调节服务（A_2）	防洪蓄水（A_{21}）	土壤含水量	√	√
		地表储水量	√	√
	水质净化（A_{22}）	污染物降解	√	√
	气候调节（A_{23}）	降温	√	√
		增湿	√	√
	固碳（A_{24}）	固碳总量	√	√
	大气组分调节（A_{25}）	甲烷释放量	√	√
		氧气释放量	√	√
文化服务（A_3）	科教（A_{31}）	科研	√	√
		教学实习	√	√
		出版物	√	√
		影视娱乐	√	√
	休闲旅游（A_{32}）	旅行费用	√	√
		旅行时间	√	√
		消费者剩余	√	√

参考文献

江波，Christina P. WONG，陈媛媛，等，2015. 湖泊湿地生态服务监测指标与监测方法 [J]. 生态学杂志，（10）：2956-2964.

张立伟，傅伯杰，2014. 生态系统服务制图研究进展 [J]. 生态学报，（2）：316-325.

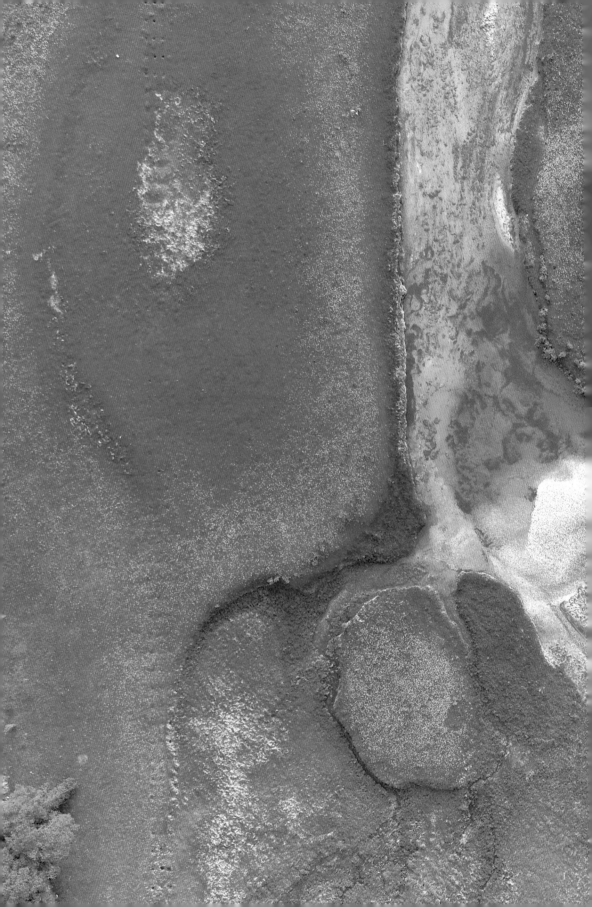

第 四 章

湖沼湿地生态系统服务评价方法与技术

张曼胤 摄

一、能值分析法

能值分析法是指用太阳能值（solar energy）计量生态系统为人类提供的产品或服务，进行定量分析研究（Odum and Nilsson，1996；崔丽娟等，2004），度量单位为sej。能值分析法将生态系统与人类社会经济统一起来，可以有效地调整生态环境与经济发展的关系，但是它不能反映人类对生态系统服务的需求性（WTP），同时能值转换率难度较大，某些物质与能量关系较弱（崔丽娟等，2004）。通过能值货币价值转化率的使用，可以对湿地生态系统服务及其价值进行定量化评价。目前能值评价法已经在鄱阳湖（崔丽娟等，2004）、盘锦双台河口湿地（李丽锋等，2013）、中国红树林生态系统（赵晟等，2007）、洞庭湖（席宏正等，2009）等一些湿地的生态系统服务评价中得到应用。

二、物质量评价法

物质量评价法是从物质量的角度对生态系统的各项服务进行定量评价（赵景柱等，2000），它可以被用来分析生态系统服务的可持续性，并是分析空间尺度较大的区域生态系统的有效途径（欧阳志云等，1999）。物质量评价法的评估结果不会随生态系统所提供的服务的稀缺性变化而变化，适合较大区域的生态系统服务评价。但是该方法得出的单项生态系统服务的量纲不同，无法进行加总，很难评价某一生态系统总的服务价值（赵景柱等，2000）。

三、价值量评价法

价值量评价法是以货币的形式来呈现生态系统服务的价值。其优势是：评估结果都是货币值，易于加和比较；其次是评估结果易于纳入国民经济核算体系，实现绿色GDP。不足之处在于评估结果具有很强的主观性，由于评估方法的不同，评估结果具有一定的差异性。

湿地生态系统服务的价值评价方法可以分为直接市场法、陈述偏好法和揭示偏好法三类（Turner et al.，2013）：①直接市场法可以用来评估那些直接在市场上交易的生态系统服务，包括市场价值法和生产函数法等；②揭示偏好法又称替代市场法，指的是用替代成本来评估那些在市场中可以间接进行交易的服务，包括影子价格法、旅行成本法和替代成本法等；③陈述偏好法又称模拟市场法，是指通过模拟的市场来评价那些不能通过市场进行交易的服务，有条件价值法和选择模型法等。湿地生态系统服务价值包括直接使用价值、间接使用价值、选择价值、存在价值和遗赠价值（Hawkins，2003；De Groot et al.，2006），每种价值都对应着相应的评价方法，每种评价方法都有一定的优缺点及其适应的范围（表4-1）。由于每种生态系统服务通常都有几种评价方法（图4-1），容易导致评价结果的可比性下降，在评价时，选择评价方法的关键是根据具体的环境进行选择。

本书拟采用价值量评价法来评价湖沼湿地生态系统服务功能。

表 4-1　湿地生态系统服务价值评价方法的优劣比较及适用范围

方法	优势	劣势	适用范围
市场价值法	简单，直观；成本、价格等数据比较容易获得；在市场中买卖时，人们的价值观念可以很好地被明确	无法获得消费者剩余；实际价格偏低	直接使用和间接使用价值
重置成本法（影子工程法）	需要较少的数据；资源集中性	成本通常不是效益的有效测量方法	直接使用和间接使用价值
可避免成本法	市场数据容易获得	可能低估实际价值，不能反映真实市场价值	直接使用和间接使用价值
机会成本法	比较客观全面地体现某种资源的生态价值	选择何种经济利益作为机会成本；具体价值仍需要依靠其他方法进行估算	间接使用价值
替代成本法	直观，通过替代工程造价直接反映价值	受各地生产力水平影响，不能反映真实花费；受替代工程造价影响较大	间接使用价值
费用支出法	简单，方便	评价范围较窄，无法评价没有市场交换的服务功能	直接使用和间接使用价值
享乐价值法	可以评价时机选择的价值；可靠的财产记录；具有多变性	环境效益的测量受与房价有关的事物限制；结果严重依靠模型设定；数据量较大	直接使用和间接使用价值
旅行费用法	应用广泛，便于计算；结果容易解释和说明	受多个目标影响；结果容易过高估计；受湿地开发，规模等影响，旅游效益差别大	直接使用和间接使用价值
影子价格法	简便，易行	受生产力水平影响；受不用市场替代产品价格的影响	使用价值

方法	优势	劣势	适用范围
条件价值法	应用广泛，可以极为灵活的评估任何服务价值和商品；极易理解和识别。评价非使用价值的唯一方法	主观性较强，随意性较大；受人们的价值观、审美观影响较大	使用价值和非使用价值
生产函数法	市场数据的有效性和可靠性	数据量大，反映服务和生产变化的数据容易丢失	间接使用价值
选择模型法	应用广泛，可以极为灵活的评估任何服务价值和商品；极易理解和识别	主观性较强，随意性较大；受人们的价值观、审美观影响较大	使用价值和非使用价值
净收益法	简单，方便	容易重复计算	使用价值和非使用价值
随机效用法	依赖于观测的行为	受限于使用价值	直接使用和间接使用价值
避免行为法	依赖于市场	不能用于非使用价值	直接使用价值
成果参照法	简单，方便	限于条件相似的区域，地点，参照的风险性较大	使用价值和非使用价值
生态价值法	数据较易获得	评估结果过于宏观，评估结果不易对比	间接使用价值

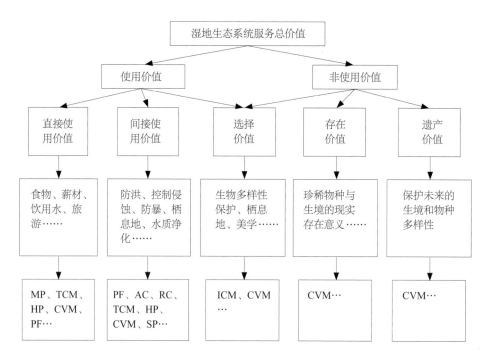

注：MP. 市场价值法；TCM. 旅行费用法；HP. 享乐定价法；PF. 生产函数法；
AC. 可避免成本法；RC. 替代成本法（重置成本法）；SP. 影子价值法；
CVM. 支付意愿法；ICM. 个人选择模型

图 4-1　湿地生态系统服务的价值类型及评价方法（引自 Barbier et al., 1997）

第二节　湖沼湿地生态服务功能价值评价的核算方法

一、湖沼湿地生态系统服务功能核心指标价值评价方法

基于评价指标的筛选，以方法的实用性、可比性和数据的可获取性为原则，并结合第三章构建的湖沼湿地生态系统服务评价指标体系，选择适合湖沼湿地生态系统服务评价指标体系内各项服务价值评价的方法如下：

（1）食物生产价值。湿地提供食物的功能价值可以直接采用市价价值法进行核算，公式如下：

$$A_{11} = \sum Q_i \times P_i \tag{4-1}$$

式中，A_{11}——湿地食物生产价值（元）；

$\qquad Q_i$——各种湿地食物的产量（kg）；

$\qquad P_i$——相应食物的市场单位价格（元/kg）。

（2）原材料生产价值。湿地提供原材料的功能价值可以直接采用市价价值法进行核算，公式如下：

$$A_{12} = \sum T_i \times J_i \tag{4-2}$$

式中，A_{12}——湿地原材料生产价值（元）；

$\qquad T_i$——各种湿地原材料的产量（kg）；

$\qquad J_i$——相应原材料的市场单位价格（元/kg）。

（3）内陆航运功能价值。湿地提供内陆航运的功能价值可以直接采用市价价值法

进行核算，主要包括货运和客运两大类。公式如下：

$$A_{13}=L \times E \times P \qquad (4-3)$$

式中，A_{13}——湿地内陆航运的功能价值（元）；

L——湿地水域运输线路总长（m）；

E——完成的运输量（t）；

P——运输单位价格（元/t×m）。

（4）电力供给。湿地提供电力的功能价值可以直接采用市价价值法进行核算，公式如下：

$$A_{14}=G \times P \qquad (4-4)$$

式中，A_{14}——湿地水力发电的功能价值（元）；

G——湿地年发电量（t）；

P——电的单位价格（元/KW）。

（5）供给淡水价值。湿地供给淡水的功能价值可以直接采用市价价值法进行核算，公式如下：

$$A_{15}=C_1 \times Y_1+C_2 \times Y_2+C_3 \times Y_3 \qquad (4-5)$$

式中，A_{15}——湿地供给淡水的功能价值（元）；

C_1——湿地提供的生活用水量（t）；

Y_1——相应生活用水的单位价格（元/t）；

C_2——湿地提供的工业生产用水量（t）；

Y_2——相应工业生产用水的单位价格（元/t）；

C_3——湿地提供的农业生产用水量（t）；

Y_3——相应农业生产用水的单位价格（元/t）。

（6）蓄积水资源功能价值。蓄积水资源功能价值采用替代法进行核算，公式如下：

$$A_{21}=X \times Z \qquad (4-6)$$

式中，A_{21}——湿地蓄积水资源功能价值（元）；

X——湿地存储水资源总量（万 m³）；

Z——修建水库单位造价成本（元/万 m³）。

（7）调蓄洪水功能价值。调蓄洪水功能价值采用替代法进行核算，湖沼湿地主要采用年内水位最大变幅来估算湖沼调蓄洪水能力，而沼泽湿地主要是为土壤蓄水和地表滞水两部分进行核算调蓄洪水能力。 主要公式如下：

$$A_{22}=V \times K \ 或 \ A_{22}=O \times K+S \times H \times K \qquad (4-7)$$

式中，A_{22}——湖沼湿地调蓄洪水功能价值；

$\quad\quad V$——湖沼湿地水位变幅总量（元）；

$\quad\quad K$——水库蓄水单位成本（元）；

$\quad\quad O$——沼泽湿地泥炭土壤调蓄水总量（m^3）；

$\quad\quad S$——沼泽湿地面积（m^3）；

$\quad\quad H$——洪水期平均淹没深度（m）。

（8）调节气候功能价值。 湿地可以通过水面蒸发来调节温度和增加空气湿度。 采用替代价值法计算调节气候价值。

$$A_{23}=\Delta T \times P_1+\Delta M \times P_2 \qquad (4-8)$$

式中，A_{23}——调节气候功能价值（元）；

$\quad\quad \Delta T$——湿地降温幅度（℃）；

$\quad\quad \Delta M$——湿地增湿幅度（%RH）；

$\quad\quad P_1$——采用空调或风扇降温 1℃需要的费用（元）；

$\quad\quad P_2$——采用加湿器增湿 1%RH 需要的费用（元）。

（9）净化水质功能价值。 湿地水质的功能主要在于净化水质，其功能价值可采用替代花费法来评估。 相应的计算公式如下：

$$A_{24}=Q \times L \qquad (4-9)$$

式中，A_{24}——净化水质的价值（元）；

$\quad\quad Q$——湿地每年接纳周边地区的污水量（m^3）；

$\quad\quad L$——单位污水处理成本（元 /m^3）。

（10）大气组分调节功能价值。 湿地植物进行光合作用，吸收 CO_2，释放 O_2。 负面作用就是释放 CH_4。 根据光合作用方程式，生态系统每生产 1.00 g 植物干物质能固定 1.63 g CO_2，释放 1.20 g O_2（李文华，2010）。 采用碳税法和直接市场价值法进行大气组分调节价值，公式如下：

$$A_{25}=P_1\sum_{i=1}1.63N_i \times S_i+P_2\sum_{i=1}1.20N_i \times S_i-P_3\sum_{i=1}F_i \times S_i \times T_i \qquad (4-10)$$

式中，A_{25}——湿地调节大气组分功能价值（元）；

N_i——湿地中第 i 种水生植物单位干物质量（kg/m^2）；

S_i——湿地中第 i 种水生植物面积（m^2）；

F_i——湿地中第 i 种水生植物 CH_4 排放的平均通量[$kg/（m^2 \cdot h）$]；

T_i——湿地中第 i 种水生植物 CH_4 排放的时间（h）；

P_1——CO_2 的单位价格（元）；

P_2——O_2 的单位价格（元）；

P_3——CH_4 的单位价格（元）。

（11）科研教育功能价值。湿地生态系统的科研教育价值主要包括：相关的基础科学研究、应用开发研究、教学实习、文化宣传等价值。其核算公式如下：

$$A_{31}=Y_1+Y_2+Y_3+Y_4 \text{ 或 } A_{31}=U \times S \tag{4-11}$$

式中，A_{31}——湿地科研教育功能价值（元）；

Y_1——每年投入的科研费用价值（元）；

Y_2——教学实习价值（元）；

Y_3——图书出版物价值（元）；

Y_4——影视宣传价值（元）；

U——单位湿地面积产生的科研教育价值（元 /m^2）；

S——湿地面积（m^2）。

（12）休闲娱乐功能价值。湿地资源的自然风光以及文化底蕴给人类带来了美感享受，同时还给人类提供了各式各样的娱乐方式。本研究采用旅行费用法进行湿地休闲娱乐功能价值核算。公式如下：

$$A_{32}=M_1+M_2+M_3 \tag{4-12}$$

式中，A_{32}——湿地休闲娱乐功能价值（元）；

M_1——旅游费用支出（元）；

M_2——旅行时间价值（元）；

M_3——其他花费（元）。

二、湖沼湿地生态系统服务功能总价值

根据湖沼湿地生态系统服务价值评价指标体系，以及指标内涵的解释，综合学者们的研究方法，对各指标进行了核算方法汇总，湿地生态服务功能总价值（W）公式如下：

$$W = \sum_{i=1, j=1} A_{ij} \qquad (4-13)$$

式中，W——湿地生态服务功能总价值（元）；

A_{ij}——单个评价指标的湿地生态系统服务价值（元）。

值得注意的是，以上公式仅是湖沼湿地生态系统服务功能总价值一个初步计算公式。后续总体价值评价总值的算法还要受到评价尺度、指标重复性等多种因素的影响，以上这些问题将在后面章节陆续讨论。

第三节　湖沼湿地生态系统服务价值评价方法

一、基于湖沼面积的湖沼湿地洪水调蓄量的估算

　　湖泊是抵御湖区水系洪水灾害的天然屏障，我国第一大淡水湖鄱阳湖承接五河之水，减洪峰流量达 15%~30%，有效缓解了长流干流的洪水威胁（安树青，2003）。近年来，国内外有关湖泊洪水调蓄功能评价的研究较为丰富（粟运华，1993；周庆东，2010；Roberts，1997；Kuik，2009），其中，国外研究多侧重于生态过程的描述（Daily，1997；Hassan，2005）以及价值量的估算（Brouwer，1999），较少注调洪功能的状态；而国内研究在追求价值量的同时，注重功能量的评估（皮红莉，2004；邓立斌，2011），且评估通常以功能评估为基础。但总体而言，湖泊生态系统服务评价中，基础数据获取一直是困扰研究人员的难题之一。由于我国生态监测开展较晚，本底及长期数据严重缺乏，在评价湖沼湿地调蓄洪水的价值时，需要获得湖沼调蓄水量的变化，而许多湖沼湿地难以取得该数据。

　　湖泊可通过暂时蓄纳入湖洪峰水量，减缓并滞后洪峰，而减轻湖区水系的洪水威胁（Richardson，1994；Barbier，1997）。可调蓄水量是湖泊多年平均水位变幅与湖面面积的乘积，反映了湖泊调蓄作用的大小（Barbier，1997）。因湖泊水位变幅及可调蓄水量数据较少，面积数据相对丰富，与湖泊调洪能力关系密切（王苏民，1998；De Laney，1995）。因此，以可调蓄水量作为湖泊洪水调蓄能力的评价指标，基于可调蓄水量与湖面面积之间的数量关系，建立湖泊洪水调蓄功能评价模型。考虑到不同

区域湖泊的背景差异，全国湖泊划分为东部平原、蒙新高原、云贵高原、青藏高原、东北平原与山区 5 个湖区，分区构建模型（饶恩明等，2014）：

东部平原湖区：$\ln Cr = 1.128 \ln A + 4.924$ （$N = 55$，$R^2 = 0.885$）

蒙新高原湖区：$\ln Cr = 0.680 \ln A + 5.653$ （$N = 8$，$R^2 = 0.815$）

云贵高原湖区：$\ln Cr = 0.927 \ln A + 4.904$ （$N = 7$，$R^2 = 0.769$）

青藏高原湖区：$\ln Cr = 0.678 \ln A + 6.636$ （$N = 6$，$R^2 = 0.963$）

东北平原与山区：$\ln Cr = 0.866 \ln A + 5.808$ （$N = 5$，$R^2 = 0.744$）

其中，Cr 为可调蓄水量（万 m^3）；A 为湖面面积（km^2）。并最终评价不同平原地区湖沼调蓄洪水总量及单位面积调蓄量（表 4-2）。

表 4-2　5 个地区湖沼的洪水调蓄能力

湖区	湖沼（个）	总面积（km^2）	可调蓄水量（亿 m^3）	单位湖面面积调蓄量（万 m^3/km^2）
东部平原	695	21272.80	797.71	374.99
蒙新高原	773	19665.96	108.42	55.13
云贵高原	63	1222.46	13.64	111.57
青藏高原	1091	45075.67	640.69	142.14
东北平原	140	3961.88	68.34	172.49
合计	2762	91198.77	1628.80	178.60

二、基于不同淹水条件下土壤碳储量估算

固碳是湿地生态系统参与陆地生态系统碳循环的一项重要服务功能，湿地土壤储

存的碳占陆地土壤碳库的 18%~30%，是全球最大的碳库之一，湿地固碳能力的持续性及其对大尺度区域的影响是近年来全球关注的焦点之一（Bridgham et al.，2006；Bernal and Mitsch，2008）。青藏高原东南缘的若尔盖高原湿地淹水条件不同导致了植被、土壤肥力、土壤碳的巨大差异。因此，如何针对不同淹水条件评价土壤碳储量是青藏高原湖沼湿地生态系统服务价值评价的关键问题之一。

若尔盖高原湿地常年淹水区域面积共计 17577.28 hm² （图 4-2），该区域地上部分单位面积的年碳累积量达 172.59 g/m²，整个区域地上部分每年可固碳 30335.92 kg；季节性淹水区面积共计 33599.18 hm²，该区域地上部分单位面积年碳累积量为 114.82 g/m²，整个季节性淹水区每年可固碳 33599.18 kg；退化草甸区域面积共计 90346.08 hm²，该区域地上部分单位面积年碳累积量仅为 73.06 g/m²，这一区域地上部分每年固碳量为 94346.08 kg。从地上部分单位面积植物固碳量而言，常年淹水区域显著高于季节性淹水区域和非淹水区域退化草甸，分别是后两者的 1.50 倍和 2.36 倍。

河流
湖泊
常年淹水区
季节性淹水区
高寒草甸

0 2.5 5km

图 4-2　若尔盖湿地自然保护区不同淹水条件区域分布

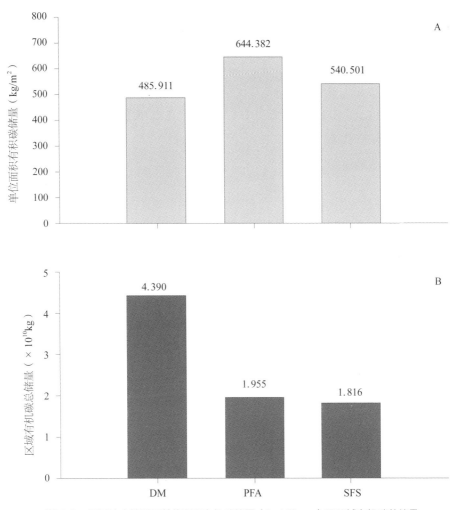

图 4-3 不同淹水情况下单位面积有机碳储量（0~160 cm）及区域有机碳总储量

　　土壤中有机碳库的存在状态与变化研究是地球陆地生态系统碳循环研究的重要组成部分，有机碳储量的估算是地球陆地生态系统碳循环研究中的基础工作，根据IPCC（政府间气候变化专业委员会）的最新估计，土壤有机碳损失对全球大气 CO_2 含量升高的贡献率为 30%~50%（IPCC，1990）。长期以来，由于人类对湿地的大量开垦及不合理的利用造成土地大面积退化，全球土壤有机碳储量在过去 100 年中一直呈下降趋势。本研究中，0~160 cm 深度范围内，不同淹水条件下土壤单位面积的有机碳储量差异较大（图 4-3）。常年淹水区单位面积有机碳储量最大，为 644.382 kg/m^2，季节性淹水区单位面积碳储量次之，退化草甸最小，为 485.922 kg/m^2。

结合遥感解译的湿地类型分布及不同淹水区域面积核算，若尔盖自然保护区范围内，0~160 cm 土层土壤有机碳储量共计为 8.161×10^{10} kg。其中，面积占 10% 的常年淹水区 160 cm 土层土壤有机碳储量为 1.955×10^{10} kg，面积占 17% 的季节性淹水区 160 cm 土层土壤有机碳储量为 1.816×10^{10} kg，面积占 73% 的非淹水区退化草甸 160 cm 土层土壤有机碳储量为 4.39×10^{10} kg。

三、基于遥感和模型的植被固碳能力评价方法

全球碳循环中，湿地生态系统作为全球生态系统的重要类型，其植被物候及碳收支的动态变化研究在全球碳收支平衡中扮演着重要角色。湿地虽然仅覆盖了全球陆地总面积的 5%~8%，但由于湿地特殊的生态环境，其碳储量占陆地生态系统碳素总储量的 10%~15%，其碳贮存能够消减大气日益增加的 CO_2，在稳定全球气候、减缓温室效应方面发挥着重要作用。同时，湿地生态系统也非常脆弱，对气候变化非常敏感。因此，在区域乃至全球尺度上准确估算湿地生态系统和大气间的 CO_2 通量及其对气候变化的响应和反馈对加剧或者减缓全球碳收支的失衡及发展全球碳循环模型都具有重要意义。

在众多观测生态系统碳、水通量的方法中，涡度相关技术（eddy covariance technology，EC）由于其精度高、假设少的优点，已经在世界范围内被广泛用于连续测量植被与大气间碳、水和能量的交换。然而，这种方法对于天气和地形的要求较高，限制了其应用范围，目前只能在相对较小的空间尺度上（从几百米到 1 km）积累非常有限的 CO_2 等观测数据。同时，由于湿地特殊的地形条件，不可能深入湿地中心进行大范围、高密度的通量监测。遥感技术（remote sensing，RS）则为大尺度的碳收支研究提供了非常有效的工具。RS 能够在很大的空间尺度上对植被和生态系统进行连续而系统的观测，并可以以固定的时间间隔对生态系统进行采样，已经成为监测植被结构和物候变化及估算总初级生产力（GPP）和净初级生产力（NPP）的重要工具。

若尔盖高寒湿地位于青藏高原的东部边缘，是我国典型的内陆湿地类型之一，

也是世界上最大的高原泥炭沼泽集中分布区和生物多样性研究的热点区域。由于若尔盖高原湿地处于长江、黄河上游源区，奠定了它成为长江、黄河水源涵养和生态保护功能的特殊地位。它的保护和退化对于长江、黄河上游地区的生态建设和环境保护，以及区域社会经济的可持续发展都有着十分重要的影响。近50年（1957~2007年）的气象数据表明，若尔盖高寒湿地正在经历一种暖干化（温度升高、降水减少）的趋势，这种气候变化必然会对湿地物候及其固碳能力产生重大的影响。因此，本研究以若尔盖高寒湿地为研究对象，利用VPM模型，结合涡度相关技术和MODIS遥感技术进行以下研究：①揭示环境因子对若尔盖湿地碳收支的影响；②通过2年的观测数据校正并评价VPM模型；③进一步模拟预测过去12年（2000~2011年）气候变化背景下高寒湿地物候和碳吸收能力的变化趋势及其对气候变化的响应（图4-4、图4-5）。

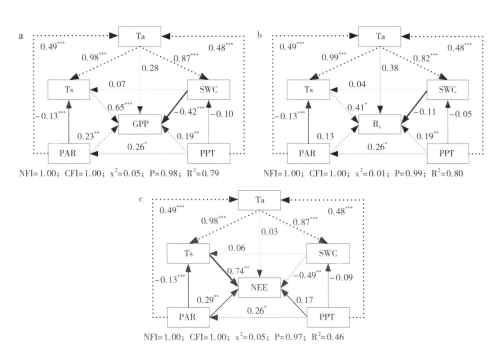

图4-4　若尔盖高寒湿地各个环境因子（空气温度 Ta、5cm土壤温度 Ts、光合有效辐射PAR、土壤含水量SWC和降水量PPT）对（a）总初级生产力（GPP）、（b）生态系统呼吸（R_e）和（c）净生态系统 CO_2 交换（NEE）的影响路径分析

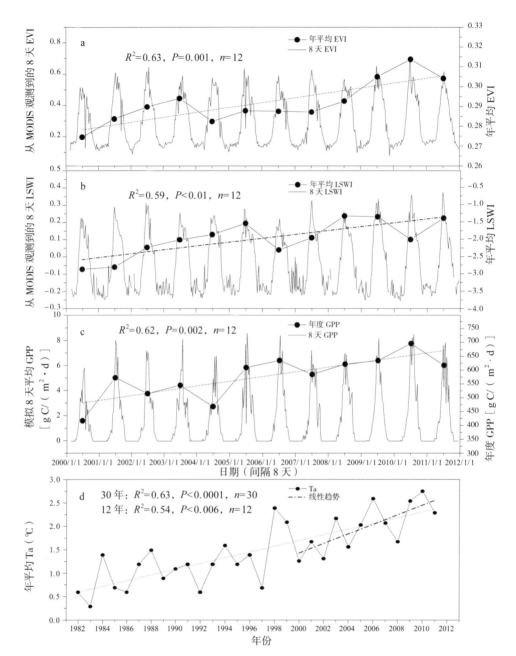

图 4-5　2000~2011 年若尔盖高寒湿地碳吸收能力的变化趋势

a. 8 天 EVI 和年均 EVI；b. 8 天 LSWI 和年均 LSWI；c. 8 天和年累计模拟 GPP；
d. 年均温的长期季节动态和年际变化。

虚线分别代表年 EVI、LSWI、GPP 和空气温度的 12 年线性趋势

很多环境因子都会直接或者间接地影响湿地 CO_2 通量（GPP、R_e 和 NEE）。在 5 个直接影响 CO_2 通量的环境因子中，土壤温度 Ts 是最重要的影响因子，对 GPP、R_e 和 NEE 的路径系数分别达到了 0.64（$P<0.001$）、0.41（$P<0.05$）和 -0.72（$P<0.01$）。土壤含水量（SWC）也是影响 GPP 和 NEE 的主要环境因子，但是对 R_e 没有显著影响。空气温度（Ta）仅仅对 R_e 有影响显著，对 GPP 和 NEE 没有显著影响。空气温度对 GPP、R_e 和 NEE 的总影响（直接影响＋间接影响）分别是 0.58、0.71 和 -0.29。

此外，长期气候变化对若尔盖高寒湿地植物碳循环也可能存在影响。通过 12 年的 MODIS 植被指数数据和模型模拟结果都表明，随着若尔盖湿地气候逐渐变暖，从而使植被生长季延长，气候变暖驱动的生长季延长显著提高了湿地植被的固碳能力。

四、基于营养盐削减的水质净化评价方法

人类活动导致的入湖营养盐增加是湖沼富营养化的主要原因，大量含有氮、磷等营养物质的工业废水和生活污水未经处理便直接排放到湖沼中，农业化肥和农药的不合理使用也使大量营养物质经过排水系统或者雨水冲刷和渗透，进入湖沼水体。加上江湖阻断使湖沼水流速度大幅减缓，水体滞留时间增长，更新变慢，从而影响污染物在水体中的稀释、扩散、降解和转化等过程，水体自净能力减弱，在水温、光照等适宜的气候条件下最终产生湖沼富营养化。

自净能力是湿地生态系统功能的重要体现，也是湖沼生态系统健康的重要标志。湖沼通过自净过程将一定浓度的营养物质的削减，恢复到受污染以前的状态。然而，一旦营养盐浓度过高，超出了湖沼的自净能力，湖沼生态系统的功能就会受到影响，自净能力也会大大降低。要达到水生生态系统资源的可持续利用，一个重要的先决条件是实现具有自力更生和自净功能的生态系统。因此，研究湖沼对营养盐的削减规律，充分利用湖沼的自净能力的前提下保护湖沼生态系统的健康，具有重要的理论和现实意义。

然而，在湖沼湿地生态系统服务价值评价中，不同年份对湖沼湿地水质净化功能评价的结果可能差异很大。有研究分别模拟了湿地整体单位面积 TP 去除率的拟合值和观测值进行了算术平均计算，分析了模拟湿地除磷效果的年际变化特

征，结果表明，模拟湿地单位面积 TP 去除率整体呈下降趋势（图 4-6）。2009 年和 2010 年模型对 TP 单位面积去除率的拟合值大于观测值，但二者之间无显著差异（$P > 0.05$）。2013 年模拟湿地单位面积 TP 去除率较 2008 年降低了 42.5%，为 (5.34 ± 1.62) g／$(m^2 \cdot d)$。一方面，水禽污水的持续排入导致进水污染物质量浓度维持在较高的水平，随模拟湿地运行时间的增加，植物吸收及基质吸附能力逐渐达到饱和，污染物去除能力降低，另一方面，植物大量枯落物的凋落和分解导致磷的返还量较大。

以乌梁素海为例分析湖沼湿地水质净化功能（毛旭锋，2012）。水源由位于北部的入水口进入，由位于南端的出水口排出，水体整体由北向南流动。为分析湖泊对污染物的削减过程，归纳湖泊对营养盐的削减特征和空间分布规律，以总排进水口为原点，以东西和南北方向为轴构建了空间坐标系，分别计算各监测点的削减效率，分析营养盐的空间削减规律。削减效率（E）的计算公式为 $E_i = (C_0 - C_i) / L$，单位为 [mg／($L \cdot km$)]。其中，C_0 为坐标原点处营养盐浓度；C_i 为监测点营养盐浓度；L 为监测点距离坐标原点的直线距离（$L = \sqrt{x^2 + y^2}$，x，y 为监测点的横、纵坐标）。

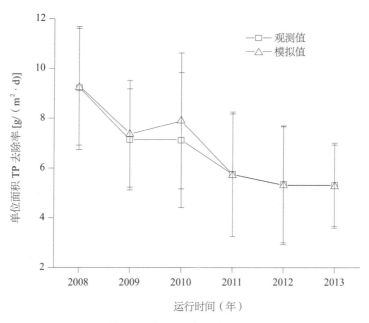

图 4-6　模拟湿地整体不同年份单位面积 TP 去除率

对乌梁素海水质净化功能评价结果表明：①水体仍处于富营养化状态，各监测指标值介于VI和V类水标准之间，对比该月入湖和出湖水质发现，乌梁素海对COD、总磷、总氮、氨氮和硝酸盐氮的削减程度分别为17.6%、74.3%、62.1%、50.9%和69.2%，体现了湖沼湿地对污染物削减的重要作用；②随着营养盐由北向南的流动过程中，乌梁素海对其的削减效率呈现先增大后减小的非线性变化；③营养盐削减的峰值出现在距入水口3 km附近，营养盐经过总排入湖区后，迅速扩散、吸收导致浓度衰减。削减效率的低值出现在距离出湖口3.5 km附近，部分营养盐在湖区西部也出现了较低的削减效率，可能与该区域的回水地形有关（图4-7）。

从图4-7中可以看到，水体营养盐主要由高浓度区向南扩散，且向量的长度各异，体现了湖泊不同区域对营养盐净化程度的差异性。

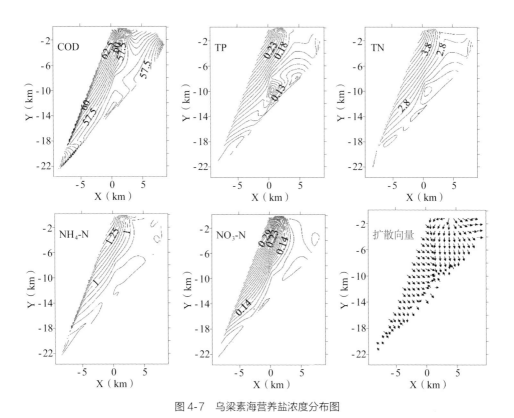

图4-7　乌梁素海营养盐浓度分布图

参考文献

崔丽娟，赵欣胜，2004 . 鄱阳湖湿地生态能值分析研究 [J]. 生态学报，24（7）：1480-1485.

崔丽娟，2004. 鄱阳湖湿地生态系统服务价值评估研究 [J]. 生态学杂志，23（4）：47-51.

邓立斌，2011. 南四湖湿地生态系统服务功能价值初步研究 [J]. 西北林学院学报，26（3）：214-219.

李丽锋，惠淑荣，宋红丽，等，2013. 盘锦双台河口湿地生态系统服务功能能值价值评价 [J]. 中国环境科学，（8）：1454-1458.

李文华，2010. 中国生态学研究的回顾与展望（英文）[J]. Journal of Resources and Ecology，1（01）：3-14.

毛旭锋，崔丽娟，李胜男，等，2012. 乌梁素海水体营养盐削减的空间变化规律研究 [J]. 干旱区资源与环境，26（11）：116-121.

欧阳志云，王效科，苗鸿，1999. 中国陆地生态系统服务功能及其生态经济价值的初步研究 [J]. 生态学报，（05）：19-25.

皮红莉，2004. 洞庭湖湿地生态系统服务价值评价及其恢复对策研究 [D]. 长沙：湖南师范大学 .

饶恩明，肖燚，欧阳志云，2014. 中国湖库洪水调蓄功能评价 [J]. 自然资源学报，29（08）：1356-1365.

粟运华，1993. 新安江水库防洪效益初探 [J]. 水利水电技术，（1）：61-64.

王苏民，窦鸿身，1998. 中国湖泊志 [M]. 北京：科学出版社 .

席宏正，康文星，2008. 洞庭湖湿地资源能值——货币价值评价与分析 [J]. 水利经济，26（6）：37-40.

许妍，高俊峰，黄佳聪，2010. 太湖湿地生态系统服务功能价值评估 [J]. 长江流域资源与环境，19（6）：646-652.

赵景柱，肖寒，吴刚，2000. 生态系统服务的物质量与价值量评价方法的比较分析 [J]. 应用生态学报，（02）：290-292.

赵晟，洪华生，张珞平，等，2007. 中国红树林生态系统服务的能值价值 [J]. 资源科学，29（1）：147-154.

周庆东，佟晓娜，钟子琳，2010. 大伙房水库工程效益综述 [J]. 东北水利水电，（1）：

59-60.

Barbier E B，Acreman M，Knowler D，1997. Economic valuation of wetlands：A guide for policy makers and planners [R].Gland：Ramsar Convention Bureau.

Bernal B，Mitsch W J，2008. A comparison of soil carbon pools and profiles in wetlands in Costa Rica and Ohio [J]. Ecological Engineering，34：311-323.

Bridgham S D，Megonigal J P，Keller J K，et al，2006. The carbon balance of North American wetlands [J]. Wetlands，26：889-916.

Brouwer R，Langford I H，Bateman I J，et al，1999. A meta-analysis of wetland contingent valuation studies [J]. Regional Envi-ronmental Change，1（1）：47-57.

Daily G C，1997. Nature's Services：Societal Dependence on Natural Ecosystems [M]. Washington D C：Island Press.

De Groot R，Stuip M，Finlayson M，et al，2006.Valuing wetlands：Guidance for valuing the benefits derived from wetland ecosystem services[J]. International Water Management Institute.

De Laney T，1995.Benefits to downstream flood attenuation and water-quality as a result of constructed wetlands in agricultur-al landscapes [J]. Journal of Soil and Water Conservation，50（6）：620-626.

Hassan R，Scholes R，Ash N，2005. Ecosystems and Human Well-being：Current State and Trends [M].Washington D C：Is-land Press.

Hawkins K，2003. Economic valuation of ecosystem services[M]. University of Minnesota.

Kuik O，Brander L，Ghermandi A，et al，2009.The value of wetland ecosystem services in Europe：An application of GIS andmeta- analysis for value transfer [R]. 17th Annual Conference of the European Association of Environmental and Re-source Economists（EAERE）. Amsterdam.

Odum H T，NilssonP O，1996. Environmental accounting：Emergy and environmental decision making[M]. Wiley，New York.

Richardson C J，1994. Ecological functions and human-values in wetlands—A framework for assessing forestry impacts [J]. Wetlands，14（1）：1-9.

Roberts L A，Leitch J A，1997.Economic valuation of some wetland outputs of Mud Lake，Minnesota-South Dakota [R]. Agri-cultural Economics Report No. 381.

Turner B L，Janetos A C，Verburg P H，et al，2013. Land system architecture: using Using land systems to adapt and mitigate global environmental change[J]. Global Environmental Change，23（2）：395-397.

張曼胤 摄

第 五 章

湖沼湿地生
态系统服务
评价中的去
重复性研究

湿地生态系统服务价值评价的重复性计算主要体现在两个方面,湿地生态系统服务总价值的重复计算和部分服务具体量化时的重复计算。湿地生态系统服务由湿地生态系统和生物多样性产生,并为人类福祉做出贡献(图 5-1),在这一过程中,湿地生态系统功能与服务的复杂关系及服务之间的因果关系容易导致服务指标的分类存在重复,致使在计算总价值时产生重复计算。部分服务之间的重复计算则主要是由于服务指标的模糊不清、评价参数的重复和评价方法的不恰当导致的,致使某个服务或者几个服务在量化加和时重复计算,属于具体量化过程中出现的重复计算。

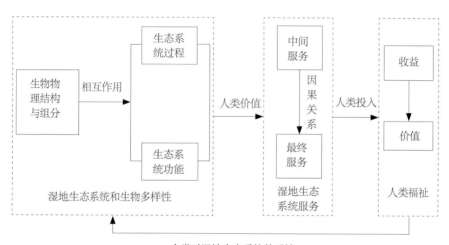

图 5-1　湿地生态系统服务的产生及与人类福祉的关系

第一节　湖沼湿地生态系统服务评价中去重复性研究必要性

一、湿地生态系统功能和服务关系的复杂性

　　湿地生态系统功能是由湿地生态系统的特征、结构和过程相互作用形成（Turner et al.，2000），是湿地中发生的各种物理、化学和生物学过程及其外在表征（Smith et al.，1995；吕宪国，2005），属于湿地本身的自然属性。湿地生态系统功能可以分为 5 类（Richardson，1995）：①水文流通和储存：包括地下水的补给和排泄，水贮存和调节，区域性的补给和排泄，区域气候调节等功能；②生物学意义上的生产力：包括湿地的净初级生产力，碳贮存／碳固定，次级生产力等功能；③生物化学循环和储存：包括景观尺度上的营养源或营养库，碳、氮、磷等元素的转移，脱氮，沉积物和有机物质的容器等；④分解：碳释放、水生微生物的反硝化（给下游提供能源），硝化作用；⑤栖息地：濒危物种栖息地，藻类、真菌、鱼类等湿地动植物的栖息地，生物多样性。

　　湿地生态系统功能起源于湿地本身的生态和物理过程，通过生态系统结构和过程之间的复杂的联系形成（MA，2005），功能不同于服务，不管是否有益于人类，它们都是真实存在的（Costanza et al.，2011），因此，功能和服务不能混淆（Brander et al.，2006）。生态系统的功能和特定结构的成分是非线性的，加上所处的空间结构和环境，都导致了其形成的生态系统服务的复杂性（Barbier，2007；Koch et al.，2009）。湿地生态系统功能相互作用，每种功能又有着其各自的分工，在一些服务的形成中占据着主导作用（表 5-1）。

表 5-1 湿地生态系统功能与服务的关系

功能服务	水文流通 / 储存	生物生产力	生物化学循环和储存	分解	栖息地
食物生产		3			2
原材料	1	3			2
药材		2		1	3
淡水	3		2		
调洪蓄水	3	2			
水质净化（废弃物处理）	2	2	3		
土壤保持	3	2	1		
气候调节	3				
固碳		3		3	
文化	3	2			2
休闲娱乐	2				3
科研教育	3	3	3	3	3
营养循环		2	3	2	
初级生产力		3	2	1	1
栖息地					3
地下水补给	3				
涵养水源	3				

注：数字 3、2、1 表示服务受功能主要影响的程度，空白为不确定或者没有影响。

湿地生态系统功能和其形成的服务的复杂性导致在评价湿地生态系统服务时容易重复计算（Costanza et al.，1997；Fu et al.，2013），主要表现在 2 个方面：①湿地生态系统功能和服务本身的重叠性。一些湿地生态系统功能既是生态系统本身的属性，参与其他服务的产生，同时本身也是服务，这样既评价这些功能，又评价这些功能产生的服务会导致重复计算。比如营养循环既是湿地生态系统功能又是湿地生态系统服务，参与到水质净化和净初级生产力服务的产生过程中，这样既评价营养循环服务又评价水质净化服务和净初级生产力会产生重复计算。②湿地生态系统功能与服务的非对应性。湿地生态系统功能与服务并不是一一对应的，一种服务可能是由几种功能联合产生，一种功能可能会同时参与 2 种或 2 种以上生态系统服务的产生。例如，粮食、木材等生态系统服务的产生需要初级生产力和营养物质的循环，碳循环功能则在气候调节服务与木材供给服务中都有参与。

二、湿地生态系统服务之间的复杂性

　　湿地生态系统服务内部的关系也是非常复杂的，部分生态系统服务之间存在因果关系。因果关系指的是一种服务可能是由其他几种服务联合产生，是这些服务的最终产出。湿地生态系统服务指的是湿地生态系统直接或间接给人类提供的效益。千年生态系统评估（MA）将生态系统服务分为 4 大类：①供给服务；②调节服务；③支持服务；④文化服务。调节服务是指从生态系统调节过程中获得的效益，包括空气质量调节、大气调节、水调节、土壤侵蚀、水质净化和废弃物处理等。供给服务是指从生态系统中获得的产品，包括食物、薪材、木材、基因资源等。大多数情况下，供给服务是调节服务和支持服务的最终服务。供给服务是人类能够直接享受到的收益，调节服务和支持服务则是通过供给服务间接为人类提供收益，三者都计算会导致重复计算（Fu et al.，2011）。比如授粉服务属于调节服务，它可以输出最终产品农作物，既计算授粉服务又计算农作物生产会导致重复计算（Polasky，2008；Morse-Jones et al.，2011）。湿地可以有效地净化水质，并带来 4 个效益：改善饮用水的水质、提供生态环境用水、节约净化水质的成本、提高环境效益并增加旅游。其中，改善饮用水的水质可以通过饮用水服务获得，提供生态环境用水的效益体现在生物多样性维持服务中，增加旅游的价值可以通过旅游服务获得，把水质净化服务和后两者服务相加会导致重复计算。在计算热带湿地的生物多样性和营养滞留的价值时（Barbier，1994），如果滞留的营养完全用来维护生物多样性时，计算营养滞留和生物多样性维持的价值则会导致重复计算。支持服务通过维持供给、调节和文化服务所必须的过程来间接地影响人类福祉。因此，在评价时，既评价支持服务又评价其他服务很容易导致重复计算，因为前者的效益已经体现在后者之中（Mäler et al.，2008；Costanza et al.，2011）。

三、湿地生态系统服务指标的模糊性

评估湿地生态系统的服务价值时，首先要明确湿地生态系统所具有的服务指标，这里的指标是指食物供给、供水等所要评价的服务。湿地生态系统服务的复杂性及人类对湿地生态系统服务认识的有限性，使得某些湿地生态系统服务的指标存在重叠（Daily，1997；Ojea et al.，2012），这样在计算时可能会导致重复计算。比如，空气质量维持服务为调节服务，MA定义其为生态系统吸收和释放大气中的化学物质，如碳氧平衡、吸收SO_2和灰尘，不仅影响空气质量的很多方面，同时也影响到温室效应以至于影响气候调节服务，这样空气质量调节服务和气候调节服务两者存在着重复部分，在评价中对两者都进行单独评价并加和可能会导致重复计算。土壤形成指的是表层土壤的再生能力，由岩石的风化和有机物质的积累形成，可以提供生产力维持和自然土壤的形成服务，由于其主要成分是有机碳，如果既计算了土壤形成服务又计算了土壤表层的固碳服务就会导致重复计算。

湿地生态系统服务总价值包括使用价值和非使用价值，其中使用价值包括直接使用价值和间接使用价值，非使用价值包括选择价值、存在价值和遗赠价值（Hawkins，2003）。为了对湿地生态系统服务价值进行评价，多是将生态系统服务与价值结合起来进行评价。由于对湿地生态系统服务认识的不同，一些学者将湿地的非使用价值看成评价指标，在分类时既包括了湿地的生态系统服务，又包括了湿地的非使用价值，这可能导致重复计算（王凤珍等，2011）。比如，栖息地服务既属于使用价值又属于非使用价值（欧阳志云等，1999；Gustavson and Kennedy，2010），既评价栖息地服务又评价非使用价值则会导致重复计算。

水文流通和储存是湿地生态系统的主要功能之一 (Smith et al., 1995)，参与了众多服务的形成，包括淡水供给、防洪、水质净化和水循环等服务，由于其对湿地的重要性，在对其进行分类时不可避免的产生了重复部分 (MA, 2005)。Ojea 等 (2012) 通过研究已发表的评价与水相关的服务的案例发现，与水相关的服务指标的重叠和模糊性很容易导致评价时出现重复计算。

四、湖沼湿地生态系统服务评价参数的重复

湿地生态系统的评价参数指的是评价湿地生态系统服务指标时具体评价的内容，比如食物供给服务。食物供给是服务指标，食物获得量和价值则是参数。在评价时，参数的选择也会导致服务之间出现重复计算。

水土保持价值指的是湿地具有避免土壤流失、保护生产力的价值，目前计算湿地水土保持价值的方法主要分为 3 种：一是以河流湖泊淤积泥沙量来计算水土保持价值 (李景保等，2007)；一种是计算固土和保肥价值 (崔丽娟，2004)；还有一种是计算固土价值、保肥价值和减少泥沙淤积价值 (何浩等，2012)。由于损失的表土会流入河流、湖泊、水库等并淤积下来，因此固土与减少泥沙淤积的价值有很多是重复的，如果既计算固土价值，又计算减少河流水库湖泊中淤泥的价值，将会导致重复计算 (李东海，2008)。

营养循环指的是营养成分在生态系统中的利用、转换、移动和再利用过程，主要是在生物库和土壤库之间进行。湿地水质净化指的是湿地能够过滤和分解进入湿地的有机废物，输入的元素在各子系统中之间迁移和转化，一部分被植物和土壤吸收、吸附，一部分残留在水体，还有一部分被转化为以气态形式挥发到大气中，重新分配，会与营养循环产生部分重复。计算湿地营养循环物质量的方法主要有土壤库养分持留法和生物库养分持留法 (李文华，2008)。生物库养分持留法计算的是参与净初级生产力过程中的氮、磷、钾养分循环量，土壤库养分持留法是根据土壤表层的氮、磷、钾含量来作为生态系统的营养循环量。评价水质净化价值的最优方法是替代成本法，采用替代成本法评价水质净化价值主要是通过计算湿地净化氮、磷或者污水的量，然后根据相应的净化成本得到。计算湿地净化污水量的方法包括以下几种：①通过湿地

植物体内的氮、磷含量得到；②根据单位面积湖沼的氮、磷去除率；③通过湿地上下游的氮、磷含量和水量得到。可以看到如果采用方法①计算水质净化价值，则与生物库养分持留法得到的营养循环价值完全重复，采用方法②和③得到的水质净化价值与营养循环价值部分重复计算。

五、湿地生态系统服务评价方法的局限性

湿地生态系统服务的评价方法大体上可以分为市场价值法、陈述偏好法、揭示偏好法和成果参照法（De Groot et al., 2006；Turner et al., 2010），每种服务都可以被很多种不同的评价方法进行评价，同一种评价方法也可以用于不同的服务的评价。比如，供水服务可以被直接市场法、替代成本法、旅行费用法、支付意愿法等评价，旅行费用法可以用来评价供水服务、休闲旅游、美学价值、野生动植物资源、水质净化等服务，不同评价方法的应用可能会导致重复计算（Fu et al., 2011）。湿地生态系统服务评价方法主要从三方面导致价值重复：评价方法本身所具有的重复性；不同评价方法的交叉引用导致的重复性；同一方法的重复使用导致的重复性。

目前现有的生态系统服务评价方法都有一定的局限性（Turner et al., 2010），在评价湿地生态系统服务时可能会由于评价方法本身的局限性导致重复计算问题，比如支付意愿法。支付意愿法指的是人们为获得一种物品或者服务而愿意支付的货币量，或者人们失去某一物品或服务而接受补偿的货币量，其经济学基础理论是产权理论（李文华，2008）。批评者认为在成本—效益分析中对公共商品的支付意愿中的利他主义动机可能会导致重复计算，本研究以生物多样性维持服务为例进行说明。生物多样性维持服务的主要评价方法为支付意愿法，是以调查问卷为工具，通过构建假象市场来揭示人们对于维护生物多样性的最大支付意愿（WTP）（Davis, 1963），或者对于生物多样性恶化希望获得的最小补偿意愿（WTA）。通过支付意愿法得到的生物多样性维持服务价值包括3类：选择价值、存在价值和遗赠价值（Winpenny, 1995）。选择价值介于使用价值和非使用价值之间，是指人们在利用生态系统服务价值时不仅仅考虑当前的需求，也考虑未来的需求，而存在价值和遗赠价值属于非使用价值。在调查问卷的设计中，选择价值一般是指人们为了自己或别人将来有机会欣赏和利用这

种资源，属于利他主义动机。同时由于人们在回答这一问题时，容易混淆对当前的需求，如物质生产或休闲旅游，从而容易与使用价值产生重复计算，因此在总价值计算中应该删除（Johansson，1992）。选择价值会与人们已经得到的使用价值重复计算，而遗赠价值和存在价值是出于为子孙后代或环境本身着想，这 2 种价值与使用价值不存在重复计算。因此，如果将生物多样性维持服务与物质生产、休闲旅游等价值一起加和时，应将生物多样性维持服务中的选择价值删除，此部分为重复计算价值。

生产函数法通过分析生态系统服务和商品的投入和产出的关系来计算其价值，它可以用来计算湿地生态系统的供给服务，比如饮用水服务或食物供给服务（Barbier，2007）。这种方法所需数据有限，成本不高，依据真实的市场数据，比较容易被公众接受。其主要缺陷是缺乏对生态系统服务和商品之间的因果关系的了解，当资源的变化影响了最终产品的市场价格和其他投入的价格，这种方法就会变得复杂和难以应用，因此在使用时要注意避免重复计算（Turner et al.，2010）。

不同评价方法的交叉使用也会导致重复计算。McConnell（1990）提供了一个旅行费用和享乐定价法的重复计算的例子：由于污染导致湖沼缺少钓鱼和游泳服务，同样也导致湖沼附近的房价降低和娱乐服务的降低。旅行费用法和享乐定价法都可以计算污染损害。如果用享乐定价法和旅行费用法来计算该湖沼缓解污染的价值时，将会发生重复计算。影子工程法和资产价值法计算湿地生态系统的服务时也有可能会导致重复计算，在评价湿地调蓄洪水的价值时，多采用人工水库的建设费用来替代计算湿地的调蓄洪水价值。在计算涵养水源价值时，有的文章用资产价值法或者影子工程法来计算，但是水库的基本功能就包括涵养水源和调蓄洪水，这样会导致重复计算（刘韬等，2007）。

在评价时采用同一种方法评价不同的服务然后相加也可能导致重复计算，特别是基于问卷调查的方法，如旅行费用法和支付意愿法。旅行费用法是假设人们去某个地区的时间和旅行费用的花费代表了进入这个地点的价格（Turner et al.，2010），可以用来评价水质净化服务、供水服务、野生动植物资源、休闲旅游服务、美学等服务。如果采用旅行费用法来评价某一湿地的水质净化服务，然后再评价该湿地的休闲旅游服务时，会导致重复计算，因为旅行一般具有多目的性。支付意愿法指的是通过构建假想市场来得到人们对于改善环境的最大支付意愿（WTP），或者对于环境恶化希望获得的最小补偿意愿（WTA），可以用来评价湿地生态系统的所有服务。如果采用支付意愿法评价休闲旅游价值，再评价生物多样性维持等服务时，很容易导致重复计算。因为支付意愿法是基于个人偏好的一种方法，当人们回答时，很有可能考虑的不是某一种偏好，而是综合考虑其他的偏好。比如用支付意愿法来评估湿地的生物多样性维持服务时，支付的原因之一是人们为了以后继续使用该湿地，当再采用支付意愿法评价旅游价值时，就会导致两者的部分重复计算。

　　湿地生态系统的供水服务可以通过径流量来计算（梁春玲，2010；Jujnovsky et al.，2012），湿地涵养水源价值也可以通过径流深度和面积相乘来计算（梁春玲，2010），同时采用径流量来计算这 2 种服务会导致重复计算。

第二节　湖沼湿地生态系统服务价值重复性去除的途径和方法

通过对湿地生态系统服务价值评价重复计算产生的原因进行分析，本书提出了一个概念性框架来尽量避免重复计算（图 5-2）。首先根据湿地的特征和所处的环境确定湿地生态系统的服务指标，然后根据是否对人类效益产生直接贡献将其分为中间服务和最终服务，以最终服务的价值作为湿地生态系统服务的总价值。其次在具体的服务价值评价过程中，通过 4 步来解决可能存在的重复计算：分析服务之间重复计算的方式；通过评价参数的明确、评价方法的选择、数学公式的构建来解决；最后构建一个湿地生态系统服务价值评价重复计算的解决框架。这一框架不仅针对湿地生态系统服务总价值的评价，同时对只评价某个服务或几个服务的价值也同样适应。

一、湿地生态系统服务指标的确定

在对湿地生态系统服务进行评价时，首先要确定湿地生态系统具有哪些服务指标。根据对湿地生态系统服务内涵的理解，对 Costanza、Daily、De Groot、MA、Woodward、TEEB 等学者或机构较为广泛接受的分类结果进行分析总结，根据科学性原则、全面性和重点相结合原则和简明可操作性等原则，综合考虑经济、社会、生态环境等方面，明确了湿地生态系统服务的指标，并将其分为 2 个层级：第一层级是根据湿地的过程和功能等特点，将湿地生态系统服务分为 19 个类别，包括物质生产、调蓄洪水等；第二层级则是根据湿地生态系统服务的效用表现形式对二级分类进行细化，结果见表 5-2。在湿地生态系统服务指标体系的确定过程中，要排除指标模糊造成的重复计算可能性，如在指标的确定过程中，不包括非使用价值；对于栖息地服务和生物多样性维持服务，将两者合并为生物多样性维持服务；在确定气候调节的二级指标时，只考虑增湿和降温，不考虑对温室气体排放的影响。不同的湿地生态系统由于湿地本身的特点、所处的地理位置、社会经济环境的不同，所具有的服务指标也不相同，在具体的评估时需要对这些指标进行筛选。同时随着对生态系统服务了解的不断深入、人类需求的不断增加、评估方法的推进，将会有更多的湿地生态系统服务被不断认识和揭示出来，湿地生态系统服务的指标将会得到不断完善。

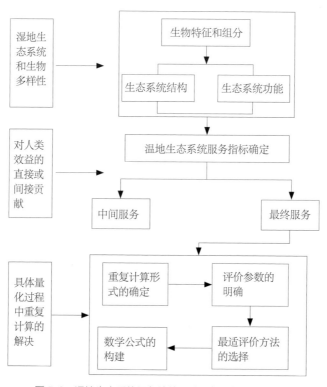

图 5-2　湿地生态系统服务价值评价重复计算的解决框架

二、最终服务的确定

湿地生态系统服务的因果关系导致在总价值评价时评价每一个服务，然后加和会出现重复计算。本书以避免重复计算为目的，将湿地生态系统服务分为中间服务和最终服务，以最终服务的价值作为湿地生态系统服务的总价值。最终服务指的是类似于MA分类体系中的供给服务和文化服务，能够为人类效益产生直接贡献，如物质生产和休闲旅游。中间服务指的是类似于MA分类体系中的支持服务或部分调节服务，通过复杂的组合方式形成最终服务，间接地对人类效益产生贡献，如净初级生产力。效益是指一些明显影响人类福祉或改变人类福祉的事物，如更多的食物、更少的洪水。中间服务也具有价值，甚至可能比最终服务的价值大，只是在计算湿地生态系统服务的总价值时，不能将中间服务和最终服务一起计算，因为前者的效益通过后者来体现。中间服务可以被计算在总价值中的唯一条件为：其所对应的最终服务无法计算。在对湿地生态系统服务进行分类时，我们需要清楚哪些是最终服务，选择的唯一标准是对人类效益产生直接贡献，尤其要注意那些本身既是服务又是功能的服务。通过湿地生态系统功能与服务的关系可以看出，一些湿地生态系统功能本身也是服务，同时又通过一系列作用参与到其他服务的形成，如净初级生产力。结合湿地生态系统服务的因果关系可以看出这些本身是功能的服务多属于中间服务，在计算时应与其他服务区别开来。因此，无论是从为人类提供效益的角度还是从湿地功能与服务的关系的角度出发，为了减少重复计算，都应将那些本身是功能的服务与其他服务区分开来，根据具体的评价环境，决定是否评价。

不同地区、不同尺度的湿地生态系统以及周边的社会经济环境的不同，会导致人们关注的最终效益不同，最终服务也会变的不同。在确定湿地生态系统的最终服务时，要综合考虑湿地的结构、过程和功能，结合当地的社会经济情况和利益相关者，以对人类效益的直接贡献为标准，确定该湿地的最终服务。

三、具体量化时重复计算的解决

在对湿地生态系统服务的价值进行具体量化加和时，可能存在着单个服务的重复计算、两两服务加和时的重复计算，多个服务加和时的重复计算。针对具体量化时的重复计算，本研究通过以下4步来解决。

第一步：明确服务之间的重复计算形式。由于服务指标、评价参数的模糊不清以及评价方法的不恰当使用等，可能会导致部分服务之间出现不同的重复形式，包括完全重复和部分重复2种（图5-3）。在评价部分服务之间的价值时，首先要分析各服务之间是否存在重复现象，以何种形式存在。

通过对已发表的湿地生态系统评估案例的研究，总结了目前价值评价中存在重复计算的一些服务（表5-2）。这些重复计算的服务一部分属于部分重复计算，一部分属于完全重复计算，导致重复计算的原因包括评价参数的重复、评价方法的选择、指标的模糊。湿地生态系统的复杂性以及评价方法的多样性导致湿地生态系统服务在具体量化过程中不仅存在着两两服务重复计算的形式，还存在着多个服务之间重复计算的形式，随着对湿地生态系统服务内涵的不断了解以及评价方法的不断创新，更多形式的重复计算将会被发现和排除。

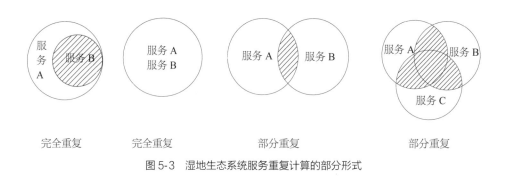

图 5-3　湿地生态系统服务重复计算的部分形式

表 5-2　具体量化时存在重复计算的服务

服务	重复计算形式	形成类别	形成原因
土壤保持服务	部分重复	评价参数的重复	减少废弃土地与减少泥沙淤积的重复

服务	重复计算形式	形成类别	形成原因
营养循环与净初级生产力	完全重复	评价方法的不恰当	采用生物库养分持留法评价营养循环价值会完全包含在净初级生产力的价值中
营养循环与废弃物处理	部分重复	评价参数重复	植物或土壤净化废弃物中的N、P等营养元素参与到营养循环中
营养循环与水质净化	部分重复	评价参数重复	植物或土壤净化污染物中的N、P等营养元素参与到营养循环中
生物多样性维持与非使用价值	部分重复	指标模糊	生物多样性维持服务包括使用价值和非使用价值
生物多样性维持服务与休闲旅游等直接使用价值	部分重复	评价方法的不恰当	生物多样性维持服务包括使用价值和非使用价值
休闲旅游与物质生产	部分重复	评价方法的不恰当	当地生产的物质一部分被游客消耗

第二步：评价参数的明确。了解清楚服务之间重复计算的形式后，分析其是如何形成的，根据具体的情况提出相应的解决办法。针对不同的重复计算方式，在评价时首先要明确具体的评价参数，把重复部分去除。比如在评价土壤保持服务时，应将减少土地废弃价值和减少泥沙淤积价值重复计算的部分去除，本研究保留两者价值最大的一个。对于营养循环和水质净化重复计算的价值，则应从生态系统服务和生态学的角度出发，如果水质净化的营养物质完全参与到营养循环中，则在总价值的计算中将水质净化的价值完全排除，如果水质净化的营养成分部分参与到营养循环中，则需要从生态学的角度计算重复计算的氮、磷价值，在总价值中排除。对于其他一些本文未提及的由评价参数导致的重复计算，本研究提出概念性的数学公式来解决。以两两服务之间出现的重复计算为例，构建数学公式：

$$C=A+B-A\cap B \tag{5-1}$$

式中，C——去除重复计算部分的价值（元）；

A、B——湿地生态系统服务（元）；

$A\cap B$——服务 A 和 B 的重复部分（元）。

第三步：选择适当的评价方法。湿地生态系统服务价值可以被市场价值法、陈述偏好法和揭示偏好法评价，每种评价方法都有其优缺点及适应的范围。一些评价方法只适合于评价一种类型的价值，比如市场价值法只能用来评估直接使用价值，一些评价方法可以评价不同类型的价值，比如支付意愿法可以评价所有类型的价值。为了避免重复计算，本书建议根据以下 3 种原则来选择评价方法：①根据具体的评估情况选择评价方法。比如，供水服务可以被直接市场法、替代成本法、避免成本法、旅行费用法以及支付意愿法等方法评价。如果供水的目的是饮用水，则直接市场法是恰当的评价方法；如果供水的目的是为了瀑布或喷泉，则旅行费用法或者享乐定价法则是合适的评价方法；如果供水是为了控制洪水等损害环境和人类福祉的事物时，替代成本法则是最好的选择。②在评价时尽量选择适应度高的方法（表 5-3）。每种服务都有其对应的评价方法，由于每种评价方法都存在着缺点，因此在评价时尽量选取适应度最高的方法。如水质净化价值可以被替代成本法、可避免成本法、支付意愿法和旅行费用法等方法评价（Keeler et al.，2012），如果只是评价湿地的水质净化价值，这些方法都可以。但是在评价湿地生态系统服务的总价值计算时，为了避免重复计算，则应该选择替代成本法。③使用以调查问卷为主的评价方法时，如果采用同一种方法对不同的服务进行评价时，应该在同一调查问卷中将要评价的服务全部列出。比如支付意愿法可以评价湿地生态系统的大多数服务，如果采用支付意愿法评价某一湿地的休闲旅游和生物多样性维持服务价值时，应该在同一问卷中将两种服务同时列出，调查受访者的支付意愿。

第四步：数学公式的构建。一些服务之间出现的部分重复计算现象，既不能通过评价参数的去除来解决，也不能通过选择恰当的评价方法来回避，此时则需要构建数学公式来减少重复计算，本研究通过给两者赋予一定的比例来减少重复计算。以调蓄洪水服务和蓄积水资源服务为例，两者的最适评价方法都是替代成本法，以单位水库造价成本作为它们的替代成本，但是水库本身的功能既包括了调蓄洪水又包括了蓄积水资源，因此在价值加和时采用同一水库造价成本会导致重复计算，本研究假设这两种功能所占的成本各占水库造价成本的 50%。 同样以两两服务为例构建数学公式：

$$C=\alpha a+\beta b \tag{5-2}$$

式中，C——去除重复计算的价值（元）；

A、B——湿地生态系统服务价值（元）；

α、β——服务 A、B 去除重复部分所占的比例（%）。

表 5-3　湿地生态系统服务价值评价方法的适用度

服务 services	AC	SC	FI/P	HP	SP	MP	TC	CVM	CM
食物供给			+++			+++			
原材料供给			+++			+++			
水供给	+	++		+		+++	++	+	
大气调节	+++	++						++	
气候调节	++	++			+++			++	
蓄积水资源	++	+++						+	
调蓄洪水	++	+++						++	
净化水质	++	+++		+			+	++	
保持土壤	+++	++			++			+	
休闲旅游				+		++	+++	++	++
科研教育				+++	+++			+	
生物多样性维持								+++	++
营养循环		++			+++				
美学信息				+++					

注：AC 可避免成本法；SC 替代成本法；FI/P 净收益法 / 生产率法；MP 市价价值法；TC 旅行费用法；CVM 意愿调查法；CM 选择模型法；HP 享乐定价法；SP 影子价格法。

湿地生态系统服务常用的一些评价方法，+++ 表示适用度最高，++ 表示适用度稍高，+ 表示适用度一般，空格表示不确定或者不能适应。

第三节　湖沼湿地生态系统服务价值的方法选择

一、湿地生态系统服务评价方法面临问题分析

生态系统服务是连接生态学和社会科学的桥梁，通过中间服务和最终服务将生态特征与人类福祉联系起来。在进行生态系统服务评价时需要解决 2 个问题，即数据缺乏和公众认可的方法（图 5-4）。

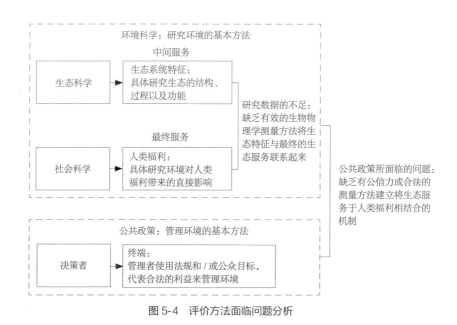

图 5-4　评价方法面临问题分析

二、湿地生态特征变化与生态系统服务互馈机制研究方法构建

湿地生态特征变化与生态系统服务互馈机制研究方法可通过"十步法"来确定生态系统服务价值，即：第一个阶段是确定最终服务，最终服务指标以及相关的生态系统特征指标；选择好变量后，通过第二个阶段来进行生态系统服务评估。反复重复步骤 5~7 直到获得生态系统服务的物质量。步骤 8 和 9 可以提供相关的空间—价格信息。在步骤 10 通过情景分析模型预测步骤 6 中的生态系统特征（图 5-5）。

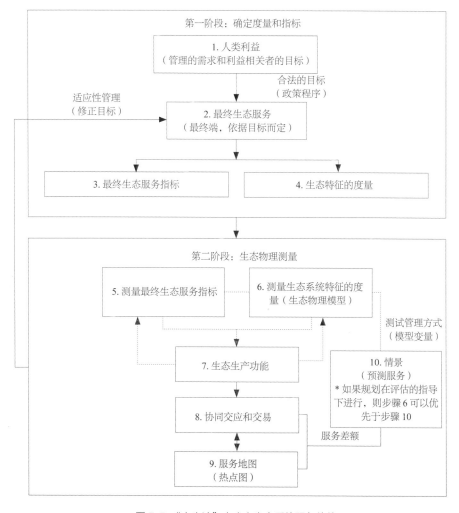

图 5-5 "十步法"来确定生态系统服务价值

参考文献

崔丽娟, 张曼胤, 2006. 扎龙湿地非使用价值评价研究 [J]. 林业科学研究, 19 (4):
491-496.

崔丽娟, 赵欣胜, 2004. 鄱阳湖湿地生态能值分析研究 [J]. 生态学报, 24 (7): 1480-1485.

崔丽娟, 2001. 湿地价值评价研究 [M]. 北京: 科学出版社.

崔丽娟, 2002. 扎龙湿地价值货币化评价 [J]. 自然资源学报, 7 (4): 451-456.

崔丽娟, 2004. 鄱阳湖湿地生态系统服务功能价值评估研究 [J]. 生态学杂志, 23 (4): 47-51.

何浩, 潘耀忠, 申克建, 等, 2012. 北京市湿地生态系统服务功能价值评估 [J]. 资源科
学, 34 (5): 844-854.

李东海, 2008. 基于遥感和 gis 的东莞市生态系统服务价值评估研究 [D]. 广州: 中山大学.

李焕承, 2010. 基于 gis 的区域生态系统服务价值评估方法研究与应用 [D]. 杭州: 浙江大学.

李景保, 常疆, 李杨, 等, 2007. 洞庭湖流域水生态系统服务功能经济价值研究 [J]. 热
带地理, 27 (4): 311-316.

李丽锋, 惠淑荣, 宋红丽, 等, 2013. 盘锦双台河口湿地生态系统服务功能能值价值评
价 [J]. 中国环境科学, 8: 1454-1458.

李文华, 2008. 生态系统服务功能价值评估的理论, 方法与应用 [M]. 北京: 中国人民大
学出版社.

梁春玲, 2010. 南四湖湿地生态系统结构, 功能与服务价值研究 [D]. 济南: 山东师范大学.

刘韬, 陈斌, 杜耘, 等, 2007. 洪湖湿地生态系统服务价值评估研究 [J]. 华中师范大学
学报 (自然科学版), 41 (2): 304-308.

吕宪国, 2005. 湿地过程与功能及其生态环境效应 [J]. 科学中国人, 4: 28-29.

欧阳志云, 王如松, 赵景柱, 1999. 生态系统服务功能及其生态经济价值评价 [J]. 应用
生态学报, 10 (5): 635-640.

王凤珍, 周志翔, 郑忠明, 2011. 城郊过渡带湖泊湿地生态服务功能价值评估——以武
汉市严东湖为例 [J]. 生态学报, 31 (7): 1946-1954.

王丽, 陈尚, 任大川, 等, 2010. 基于条件价值法评估罗源湾海洋生物多样性维持服务
价值 [J]. 地球科学进展, 25 (8): 886-892.

席宏正, 康文星, 2009. 洞庭湖湿地资源能值——货币价值评价与分析 [J]. 水利经济,
26 (6): 37-40.

薛达元，1999. 自然保护区生物多样性经济价值类型及其评估方法 [J]. 农村生态环境，15（2）：54-59.

张晓云，吕宪国，沈松平，2009. 若尔盖高原湿地生态系统服务价值动态 [J]. 应用生态学报，20（5）：1147-1152.

赵景柱，肖寒，2000. 生态系统服务的物质量与价值量评价方法的比较分析 [J]. 应用生态学报，11（2）：290-292.

赵晟，洪华生，张珞平，等，2007. 中国红树林生态系统服务的能值价值 [J]. 资源科学，29（1）：147-154.

赵同谦，欧阳志云，王效科，等，2003. 中国陆地地表水生态系统服务功能及其生态经济价值评价 [J]. 自然资源学报，18（4）：443-452.

Ansink E，Hein L，Hasund K P，2008. To value functions or services？ An analysis of ecosystem valuation approaches[J]. Environmental Values，17（4）：489-503.

Assessment M E，2005. Ecosystems and human well-being[M]. Washington，DC：Island Press.

Balmford A，Fisher B，Green R E，et al，2011. Bringing ecosystem services into the real world: An operational framework for assessing the economic consequences of losing wild nature[J]. Environmental and Resource Economics，48（2）：161-175.

Barbier E B，1994. Valuing environmental functions: Tropical wetlands[J]. Land economics，155-173.

Barbier E B，2007. Valuing ecosystem services as productive inputs[J]. Economic Policy，22（49）：177-229.

Boyd J，Banzhaf S，2007. What are ecosystem services？ The need for standardized environmental accounting units[J]. Ecological Economics，63（2-3）：616-626.

Brander L M，Florax R J，Vermaat J E，2006. The empirics of wetland valuation: A comprehensive summary and a meta-analysis of the literature[J]. Environmental and Resource Economics，33（2）：223-250.

Costanza R，d'Arge R，De Groot R，et al，1997. The value of the world's ecosystem services and natural capital[J]. Nature，387（6630）：253-260.

Costanza R，Kubiszewski I，Ervin D，et al，2011. Valuing ecological systems and services[J]. F 1000 Biol Rep，3.

Costanza R，2008. Ecosystem services: Multiple classification systems are needed[J]. Biological Conservation，141（2）：350-352.

Daily G C，1997. Nature's services: Societal dependence on natural ecosystems[M]. Island Press.

De Groot R S, Wilson M A, Boumans R M, 2002. A typology for the classification, description and valuation of ecosystem functions, goods and services[J]. Ecological Economics, 41 (3): 393-408.

Cesar H, Chong C K, 2004. Economic valuation and socioeconomics of coral reefs: Methodological issues and three case studies[J]. Economic Valuation and Policy Priorities for Sustainable Management of Coral Reefs, 14-40.

Fisher B, Kerry Turner R, 2008. Ecosystem services: Classification for valuation[J]. Biological Conservation, 141 (5): 1167-1169.

Fisher B, Turner R K, Morling P, 2009. Defining and classifying ecosystem services for decision making[J]. Ecological Economics, 68 (3): 643-653.

Fu B, Su C, Wei Y, et al, 2011. Double counting in ecosystem services valuation: Causes and countermeasures[J]. Ecological research, 26 (1): 1-14.

Fu B, Wang S, Su C, et al, 2013. Linking ecosystem processes and ecosystem services[J]. Current Opinion in Environmental Sustainability, 5 (1): 4-10.

Groot R D, Stuip M, Finlayson M, et al, 2006. Valuing wetlands: Guidance for valuing the benefits derived from wetland ecosystem services[J]. International Water Management Institute.

Gustavson K, Kennedy E, 2010. Approaching wetland valuation in canadaCanada[J]. Wetlands, 30 (6): 1065-1076.

Hawkins K, 2003. Economic valuation of ecosystem services[D]. University of Minnesota, 23.

Hein L, van Koppen K, de Groot RS, et al, 2006. Spatial scales, stakeholders and the valuation of ecosystem services[J]. Ecological Economics, 57 (2): 209-228.

Jenkins W A, Murray B C, Kramer R A, et al, 2010. Valuing ecosystem services from wetlands restoration in the mississippi alluvial valley[J]. Ecological Economics, 69 (5): 1051-1061.

Johansson P-O, 1992. Altruism in cost-benefit analysis[J]. Environmental and Resource Economics, 2 (6): 605-613.

Jujnovsky J, González-Martínez T, Cantoral-Uriza E, et al, 2012. Assessment of water supply as an ecosystem service in a rural-urban watershed in southwestern mexico city[J]. Environmental Management, 49 (3): 690-702.

Koch E W, Barbier E B, Silliman B R, et al, 2009. Non-linearity in ecosystem services: Temporal and spatial variability in coastal protection[J]. Frontiers in Ecology and the Environment, 7 (1): 29-37.

Mäler K-G, Aniyar S, Jansson Å, 2008. Accounting for ecosystem services as a way to understand the requirements for sustainable development[J]. Proceedings of the National Academy of Sciences，105（28）：9501-9506.

Mc Connell K E，1990. Double counting in hedonic and travel cost models[J]. Land economics，66（2）：121-127.

Odum H T，Nilsson P，1996. Environmental accounting[M]. Emergy and environmental Environmental decision Decision makingMaking：Wiley New York.

Ojea E，Martin-Ortega J，Chiabai A，2012. Defining and classifying ecosystem services for economic valuation：The case of forest water services[J]. Environmental Science & Policy，19：1-15.

Polasky S，2008. What's nature done for you lately：Measuring the value of ecosystem services[J]. Choices，23（2）：42-46.

Richardson C J，1995. Wetlands ecology[J]. Encyclopedia of Environmental Biology，3：535-550.

Smith RD，Ammann A，Bartoldus C，et al，1995. An approach for assessing wetland functions using hydrogeomorphic classification，reference wetlands，and functional indices. DTIC Document.

Song G，Fu C，2011. The analysis of ecosystem service value's change in yueqing bay wetland based on rs and gis[J]. Procedia Environmental Sciences，11：1365-1370.

Turner R K，Morse-Jones S，Fisher B，2010. Ecosystem valuation：A sequential decision support system and quality assessment issues[J]. Annals of the New York Academy of Sciences，1185：79-101.

Turner R K，Paavola J，Cooper P，et al，2003. Valuing nature：Lessons learned and future research directions[J]. Ecological Economics，46（3）：493-510.

Turner R K，van den Bergh JCJM，Söderqvist T，et al，2000. Ecological-economic analysis of wetlands：Scientific integration for management and policy[J]. Ecological Economics，35（1）：7-23.

Wallace K J，2007. Classification of ecosystem services：Problems and solutions[J]. Biological Conservation，139（3）：235-246.

Woodward R T，Wui Y-S，2001. The economic value of wetland services：A meta-analysis[J]. Ecological Economics，37（2）：257-270.

Yang W，Chang J，Xu B，et al，2008. Ecosystem service value assessment for constructed wetlands：A case study in hangzhou，China[J]. Ecological Economics，68（1）：116-125.

Zhang X，Lu X，2010. Multiple criteria evaluation of ecosystem services for the ruoergai plateau marshes in southwest china[J]. Ecological Economics，69（7）：1463-1470.

第 六 章

湖沼湿地生态系统服务价值评价案例

张曼胤 摄

根据生态系统服务的原理及各个典型湖沼湿地的特征，分别确定湿地生态系统服务评价指标，包括物质生产、调蓄洪水和水质净化等。再根据其是否对人类效益产生直接贡献，确定湖沼湿地的最终服务和中间服务。最终服务包括物质生产、供水、土壤保持、水质净化、气候调节、固碳、调蓄洪水、大气调节、休闲旅游和科研教育；中间服务包括净初级生产力、营养循环、涵养水源、废弃物处理、地下水补给和生物多样性维持服务。评价方法根据具体的评估环境和每种服务的最优评价方法来确定。

第一节　若尔盖湿地

一、研究区概况

若尔盖湿地位于黄河上游、青藏高原的东北部边缘，行政区划涉及四川省的若尔盖县、红原县、阿坝县，甘肃省的玛曲县、碌曲县，以及青海省的久治县，是世界上面积最大的高原泥碳沼泽，也是黄河和长江上游重要的水源涵养地之一，现建有四川若尔盖国家级自然保护区。本研究的研究区即为该自然保护区内的湿地区域。若尔盖湿地属高原浅丘沼泽地貌，地势东南高、西北低，海拔 3400~3600 m。该区属黄河水系，主要河流为黄河上游的两大支流——黑河和白河，区内地表丘状起伏、沟壑纵横、水流缓慢、流水不畅，非常有利于湿地的发育。

本区属高原寒带温湿季风气候，四季不分、干湿季节分明。研究区多年平均温度 -1.7 ℃左右，最冷月（1月）平均气温 -10.6 ℃，7月气温最高为 10.8 ℃，11月至翌年4月为冰冻期，多年平均降水量为 648.5 mm，其中 90% 多集中于4月下旬至10月中旬。区内湿度较大，年平均相对湿度为 64%~73%，雨季湿度最大，多在 77%~90%，冬季湿度多 55%~65%。日照时间较长，年总日照时数 2352~2418 h，年平均蒸发量 1232 mm。若尔盖湿地植被主要由一年生及多年生草本组成，湿地植被优势种主要包括木里薹草（*Carex muliensis*）、乌拉薹草（*Carex meyeriana*）、毛果薹草（*Carex miyabei* var. *maopengensis*）和西藏蒿草（*Kobresia tibetica*），盖度可达 40%~90%。区内动物种类丰富，共有脊椎动物 22 目 44 科 93 属 196 种，其中两栖类 3 种，兽类 38 种，爬行类 3 种，鱼类15种，鸟类137种。其中有黑颈鹤（*Grus nigricollis*）、黑鹳（*Ciconia nigra*）、金雕（*Aquila chrysaetos*）等8种国家一级保护野生动物，国家二级保护野生动物有灰鹤（*Grus grus*）、大天鹅（*Cygnus cygnus*）、藏原羚（*Procara picticaudata*）等25种。

二、研究方法

（一）服务价值评价指标体系

根据生态系统服务的原理以及若尔盖湿地的特点，确定了若尔盖高寒湿地生态系统服务评价指标体系（表6-1），根据是否对人类效益产生直接贡献，确定了最终服务和中间服务。最终服务包括物质生产、供水、土壤保持、固碳、调蓄洪水、大气调节、休闲旅游、科研教育、气候调节和精神宗教服务；中间服务包括净初级生产力、营养循环、涵养水源、废弃物处理和生物多样性维持服务。在选取评价方法时，根据具体的评估环境和每种服务的最适评价方法来确定。

表6-1　若尔盖湿地生态系统服务价值评价指标体系

类别	服务指标	评价参数	评价方法
	物质生产	牛	市场价值法
		羊	
		奶制品	
		毛制品	
最终服务	供水	年均径流量	市场价值法
	固碳	植物固碳量	可避免成本法
		土壤碳储存	可避免成本法
	大气调节	氧气释放量	市场价值法
		温室气体排放量	可避免成本法

类别	服务指标	评价参数	评价方法
最终服务	土壤保持	减少土地废弃	机会成本法
		保肥	影子价格法
		减少泥沙淤积	替代成本法
	调蓄洪水	土壤调洪量	替代成本法
		地表滞水量	
		湖泊调洪量	
	休闲旅游	旅行花费	旅行费用法
		旅行时间成本	
		消费者剩余	
	科研教育	科研投入	影子价格法
	气候调节	调节温度	影子价格法
		增加湿度	
中间服务	净初级生产力	NPP	影子价格法
	营养循环	土壤中氮、磷、钾含量	影子价格法
	涵养水源	土壤储存水	替代成本法
		地表储存水	
	废弃物降解	牲畜排泄物	影子价格法
	生物多样性维持	生物多样性维持	支付意愿法

若尔盖湿地生态系统服务评价数据来自野外试验、资料收集和遥感影像解译。

2011 年和 2012 年 7~8 月，在若尔盖高寒沼泽调查了 24 个样地，用 GPS 记录每个样地的经纬度，在每个样地（10 m×10 m）内进行植被调查、生物量采集和土壤样品采集。每个样地按梅花形布点设置 3 个 50 cm×50 cm 的地上生物量样方，采用收割法完全收割地上部分生物量。土壤样品取 6 个 0~200 cm 分层（0~60 cm 每 10 cm

为间隔，60~200 cm 每 20 cm 为间隔）土柱，其中 3 个用于土壤容重测定，3 个用于地下生物量和土壤化学性质测定。土壤采样以荷兰产衬片式土钻 Edelman 取样钻进行采土，带回实验室，测定土壤容重、土壤有机碳含量、土壤总氮、总磷、总钾。

调查问卷包括两部分：休闲旅游调查问卷和生物多样性维持服务调查问卷。调查问卷的发放共采用网络发放和实地发放 2 种方式，其中实地发放于 2012 年 8 月 10~20 日进行，共 10 天，网络调查问卷同期进行。生物多样性维持服务调查问卷实地发放 303 份，当地居民 150 份，游客 153 份，回收有效问卷 300 份，网络调查问卷回收 105 份。针对这 2 种调查方式，本研究设计了不同的投标区间和 WTP 单位，实地调查问卷的 WTP 单位为元 /a，网络调查问卷的 WTP 单位为元／月；休闲旅游调查问卷发放 153 份，回收有效问卷 150 份，网络调查问卷回收 105 份，根据若尔盖湿地的门票等实际情况筛选有效问卷 77 份。

遥感影像来源于国际科学数据服务平台，分别为 2009 年 7 月 28 日的 Landsat TM 5 影像 2 幅（云量 2%）和 2011 年 7 月 18 日的 Landsat TM 5 影像 2 幅（云量 10%）。30 m 分辨率的数字高程产品（DEM），投影为 UTM／WGS84，来源于国际科学数据服务平台。全国 1：100 万土壤类型分布图来源于西部数据中心。降雨数据为若尔盖县多年降水平均数据，来源于中国天气网。2011 年若尔盖县统计年鉴由若尔盖县统计局提供，2011 年若尔盖牲畜数量由若尔盖县农牧畜医局统计局提供。本研究其他数据在已发表的文章中查询，在文章中指出具体文献来源。

（二）服务价值评价方法

1.最终服务价值评价

（1）物质生产。本区是纯牧区，主要的物质生产是畜牧业生产，包括牦牛、藏羊、马等，副产品有奶制品和羊毛。若尔盖湿地生产的物质直接参与市场交换，因此采用市场价值法进行评价，在评价时，由于该区的马很少买卖，所以不予考虑。计算如下：

$$V_s = \sum_{i=1}^{n} Y_i \times P_i \qquad (6-1)$$

式中，V_s——指物质生产价值（元 /a）；

i——产品的种类；

Y_i——参与交易 i 类产品的数量；

P_i——第 i 类产品的价格（元）。

产品数量来源于 2011 年若尔盖县农牧畜医局统计资料，产品价格来源于 2011 年若尔盖县统计年鉴。由于统计资料是以乡镇为单位，根据若尔盖湿地自然保护区的所在乡镇得到若尔盖自然保护区参与市场交易的产品数量，然后根据沼泽面积占整个自然保护区面积的比例（29%）计算得到湿地的物质产品数量（表 6-2）。

表 6-2 2011 年若尔盖湿地物质产品的数量和价格

类型	数量	单价（元）
牦牛和黄牛	28354 头	1754
藏羊	35998 头	463
奶制品	4431 t	2100
羊毛	118 t	13406

（2）供水。若尔盖湿地是黄河上游重要的水源供给区，对当地及黄河中下游的居民生活生产、工业和生态环境用水起着重要的作用。若尔盖湿地的供水价值可以通过市场价值法评价：

$$V_w = \sum_{i=1}^{n} WT_i \times Q_i \tag{6-2}$$

式中，V_w——供水价值（元 /a）；

WT_i——不同用水类型的用水量（t/a）；

O_i——不同用水类型的用水价格（元 /t）；

i——用水类型，分别为居民用水、工业用水、农业和生态环境用水。

若尔盖水源涵养重要生态系统服务功能区面积约 1.6 万 km²，平均年径流量 47.6 亿 m³，占黄河年径流量的 8.21%（万鹏等，2011），推算得到该区的平均径流量约为 1.5

亿 m³。农业用水和生态环境用水量、工业用水量和居民生活用水量的比例按照 2011 年黄河地表水资源取水的比例确定，分别为 82.2%、11.6% 和 6.2%。根据《2011 年全国水利发展统计公报》，全国 36 个大中城市的居民用水、工业用水、农业和生态环境用水价格分别为 2.71 元 /t、3.75 元 /t 和 1 元 /t。

（3）固碳服务。湿地生态系统可以通过湿地植物的固碳和土壤的碳储存为减缓全球气候变暖做出贡献，其固碳价值包括植物固碳价值和土壤碳储存价值 2 部分。

①物质量评价。第一，植物固碳。湿地生态系统可以通过植物光合作用固定 CO_2，从而为减缓全球气候变暖做出贡献。首先通过 2011 年 7 月的 Landsat TM 5 遥感影像，得到该区的植被指数和植被覆盖度，然后将生物量与植被指数和植被覆盖度做回归分析（$R^2 = 0.35$，$Sig = 0.002$），在 ENVI 软件中得到研究区的植物生物量分布图，然后与研究区各景观类型图叠加到各景观类型的生物量，最终得到若尔盖湿地的植物生物量为 19.7×10^5t。植物固碳量根据光合作用方程式得到，每产生 1g 干物质，植物需固定 1.63g CO_2，相当于 0.44g C（Zhu et al.，2011）。

$$B = (370.55 + 4389.8NDVI) / f \tag{6-3}$$

式中，B——植物生物量（g/m^2）；

$NDVI$——植被指数；

f——植被覆盖度。

土壤碳储量。若尔盖湿地的土壤碳储量可以通过以下公式得到：

$$M = \sum A_i \times C_i \tag{6-4}$$

式中，M——若尔盖湿地土壤碳储量（t）；

A——研究区不同景观类型的面积（km^2）；

C——各景观类型的土壤碳密度（kg/m^2）；

i——不同的景观类型。

若尔盖湿地常年积水沼泽、季节性积水沼泽的土壤碳密度（0~2 m）分别为 107.75 kg/m^2、177 kg/m^2。

②价值量评价。植物固碳价值。计算公式如下：

$$V_1 = W_1 \times P \tag{6-5}$$

式中，V_1——植物固碳价值（元 /a）；

W_1——植物固碳量（t）；

P——固碳价格（元 /t）。

本研究采用可避免成本法来计算湿地的固碳价值，C 的价格取 43 美元 /t（IPCC，2007），转化为 2011 年的价格为 277.7 元 /t（2011 年 1 美元约等于 6.5 元人民币）。

土壤碳储存总价值。计算公式如下：

$$V_2 = W_2 \times P \tag{6-6}$$

每年的土壤碳储存价值采用年金现值法计算得到，计算公式为：

$$V_a = V_2 \times \{i \times (1+i)^t / [(1+i)^t - 1] \tag{6-7}$$

式中，V_2——土壤碳储存价值（元 /a）；

W_2——土壤碳储存总量（t）；

P——固碳价格（元 /t）；

V_a——土壤碳储存价值的年金现值（元 /a），即每年的价值；

i——社会贴现率（%）；

t——年限（a）。

这里折现率取 3.5%，年限为 100 a（Wilson，2012）。

（4）休闲娱乐。若尔盖湿地动植物丰富，风景秀丽，吸引了国内外大量游客前来观光旅游。采用旅行费用区间法评价若尔盖湿地的休闲旅游价值（李巍和李文军，2003），包括旅行费用支出、旅行时间成本和消费者剩余 3 部分。若尔盖游客旅行费用通过以下公式得出，然后将旅行费用进行分区（表 6-3），根据公式计算得出游客的消费者剩余，若尔盖湿地的旅游价值为游客旅行费用和消费者剩余之和。

表 6-3　若尔盖自然保护区游客样本旅行费用分区结果

$[C_i, C_{i+1}]$（元）	N_i	M_i	P_i	Q_i
0~500	23	227	100	1
500~1000	57	204	89.87	0.8987
1000~1500	47	147	64.76	0.6476
1500~2000	24	100	44.05	0.4405

$[C_i,\ C_{i+1}]$（元）	N_i	M_i	P_i	Q_i
2000~2500	19	76	33.48	0.3348
2500~3000	18	57	25.11	0.2511
3000~3500	13	39	17.18	0.1718
3500~4000	8	26	11.45	0.1145
4000~5000	5	18	7.93	0.0793
5000~6000	6	13	5.73	0.0573
>6000	7	7	3.08	0.0308

注：$[C_i,\ C_{i+1}]$ 为旅行费用的划分区间；N_i 为区间 $[C_i,\ C_{i+1}]$ 内的游客人数；M_i 为旅行费用为 $[C_i,\ C_{i+1}]$ 时样本游客的旅游需求量；P_i 为旅行费用为 $[C_i,\ C_{i+1}]$ 时游客的出游的概率（以百分比表示）；Q_i 为旅行费用为 $[C_i,\ C_{i+1}]$ 时单个游客的需求量。

$$C=[\ (0.33 \times D_1 \times Y/30)\ +W_1]/n+W_2+0.33 \times D_2 \times Y/30 \qquad (6-8)$$

$$SC_i=\int_{C_i}^{\infty} Q\ (C)\ \mathrm{d}C \qquad (6-9)$$

式中，C——游客的旅行费用（包括旅行时间价值）（元/a）；

D_1——游客到景区路上花费的时间（d）；

D_2——游客在景区滞留的时间（包括景区所在地住宿的时间）（d）；

W_1——游客的组团费用或者游客到此地的交通费用（元）；

W_2——游客在该景区所在地的额外费用（元）；

Y——游客的月工资（元）；

N——此次旅行的目的地的个数；

SC_i——消费者剩余；

$Q\ (C)$——游客的旅游意愿需求曲线。

根据 2011 年若尔盖县统计年鉴，2011 年若尔盖县共接待旅游 817633 人次，本研究假设四川省内的游客到若尔盖县的路上时间为 1 d，四川省外的游客花费的时间为

2 d，旅行的数目为 3 个（张晓云等，2008）。由于调查问卷以若尔盖自然保护区为调查区域，本研究根据若尔盖湿地占自然保护区的面积比例计算若尔盖湿地的休闲旅游价值。

（5）调蓄洪水。若尔盖湿地作为高寒泥碳储存地，是黄河上游重要的蓄洪区，对当地及黄河中下游居民的生活生产具有重要的保护作用。若尔盖高寒湿地的调蓄洪水能力主要包括沼泽的土壤调洪能力、植被的地表滞水能力和湖泊河流调洪能力 3 部分，调蓄洪水服务价值通过替代成本法计算得到，公式如下：

$$V_r = (W_s + W_u + W_r) \times P_s \tag{6-10}$$

式中，V_r——若尔盖湿地的调蓄洪水价值（元 /a）；

$\quad\quad W_s$——沼泽土壤的蓄洪量（m³）；

$\quad\quad W_u$——沼泽植被的滞洪量（m³）；

$\quad\quad W_r$——湖泊河流的调洪量（m³）；

$\quad\quad P_s$——水库造价成本（元 /m³）。

研究表明，沼泽土壤具有巨大的调蓄水能力，可调蓄洪水 8100 m³/hm²（王娟等，2010），则若尔盖湿地的土壤调洪能力为 3.97×10^8 m³。地表滞水主要是指植被截留降雨、延缓洪水和消减洪峰流量的能力，植被的防洪能力可以通过截留降雨量来计算（余新晓等，2008），本区的截留系数取 27.5%（余新晓等，2008），计算得到若尔盖湿地地表的截留降雨量为 0.87×10^8 m³。湖泊河流的调洪能力根据最大水位变幅得到，这里取 4.5 m（向雪梅，2006），得到湖泊河流的调洪能力为 0.97×10^8 m³。水库造价成本取 7.02 元 /m³（赖敏等，2013）。

（6）大气调节。若尔盖湿地的大气调节服务包括植物光合作用释放的氧气和土壤呼吸释放的温室气体两部分，氧气释放对人类福祉产生正效益，温室气体排放对人类福祉产生负效益。

①释氧价值。根据植物光合作用方程式，植物每生产 1g 干物质释放 1.2 g O_2，氧气的释放价值采用市场价值法计算：

$$V_o = 1.2 \times W \times P_o \tag{6-11}$$

式中，V_o——氧气释放价值（元 /a）；

$\quad\quad W$——若尔盖湿地的植物生物量（t）；

$\quad\quad P_o$——氧气的价格（元 /t）。

氧气价格采用中华人民共和国卫生部网站中 2007 年春季氧气的平均价格 1000 元 /t。

②温室气体排放价值。湿地生态系统是 CO_2 和 CH_4 等温室气体重要的排放源，由于湖泊河流的温室气体排放量比起沼泽和草甸的排放量微乎其微，且数据不宜收集，因此本文主要计算了若尔盖沼泽湿地的 CO_2 和 CH_4 的排放量，若尔盖湿地温室气体的排放价值通过可避免成本法来计算：

$$V_{gh} = （M_{CO_2} + 24.5 M_{CH_4}）\times A \times P \qquad (6-12)$$

式中，V_{gh}——温室气体排放价值（元 /a）；

　　　M_{CO_2}——沼泽湿地 CO_2 的排放量（kg/hm^2）；

　　　M_{CH_4}——沼泽湿地 CH_4 的排放量（kg/hm^2）；

　　　A——沼泽的面积（hm^2）；

　　　P——碳的价格（元 /kg）。

若尔盖沼泽 CO_2 和 CH_4 的排放量分别为 7462.24 kg/hm^2 和 89.23 kg/hm^2（王德宣，2010）。在计算时，本文以增温潜势（GWP）将相同质量的 CH_4 换算为等温室效应的 CO_2，1kg 的 CH_4 产生的温室效应等同于 24.5kg 的 CO_2 产生的温室效应（Jenkins et al.，2010）。

（7）科研教育。湿地生态系统的科研教育价值主要包括相关的基础科学研究、教学实习、文化宣传等价值。根据实际调查，本研究只计算若尔盖湿地的科研费用价值，通过每年发表论文的总投入成本来计算：

$$V_k = M \times P_k \qquad (6-13)$$

式中，V_k——科研教育价值（元 /a）；

　　　M——2011 年发表的与若尔盖湿地相关的论文数量（篇）；

　　　P_k——每篇论文的投入成本（元 / 篇）。

通过在中国知网上检索到 2011 年主题中含有若尔盖湿地的文章为 54 篇，在 Sciencedirect 上以 Ruoergai wetland 和 Zoige wetland 为搜索词搜索，2011 年共发表英文文章 27 篇。王其翔（2009）在计算海洋的每篇论文的投入时以 2005 年海洋的科研经费总投入和当年发表的学术论文来计算，平均每篇文章的投入为 35.76 万元，由于我国的科研项目的完成期一般为 3 年，所以本文每篇论文的投入取其 1/3，为 11.92 万元。

（8）土壤保持。土壤侵蚀是地球表面的一种自然现象，它损失掉的是人类赖以生存的表层土壤，引起土地生产力下降，严重威胁人类的生产。湿地生态系统的土壤保持服务包括减少土地废弃价值、保持土壤养分价值和减少泥沙淤积价值，其中减少土地废弃价值与减少泥沙淤积价值存在着重复计算（李东海，2008），本研究取两者价值最大的一个。

①土壤保持量评价。湿地土壤保持量等于湿地的潜在土壤侵蚀量与现实土壤侵蚀量之差。潜在土壤侵蚀量是指完全不考虑植被覆盖因素和土壤管理因素时可能产生的侵蚀量。而现实土壤侵蚀量是在现实的植被覆盖状况下的土壤侵蚀量。本研究采用通用的土壤侵蚀方程（USLE）来计算土壤侵蚀量，以下所有因子的计算在 Arcgis 软件中完成，公式如下：

$$A_r = R \times K \times Ls \ (1-C \times P) \tag{6-14}$$

式中，A_r——单位面积土壤保持量 [t/（hm² · a）]；

R——降雨侵蚀力因子 [MJ · mm/（hm² · h · a）]；

K——土壤可蚀性因子 [t · hm² · h/（hm² · MJ · mm）]；

C——植被经营与管理因子；

P——作物经营管理因子；

Ls——地形坡长坡度乘积因子。

第一，降雨侵蚀因子 R 的确定。降雨侵蚀因子 R 值与降雨量、降雨时长、降雨强度、雨滴大小及下降速度有关，它反映了降雨对土壤的潜在侵蚀能力，R 因子的计算采用经验方程来计算（周伏建和黄炎和，1995）：

$$R = \sum_{i=1}^{12} \ (-0.5527 + 0.1792 P_i) \tag{6-15}$$

式中，R——降雨侵蚀力因子；

P_i——多年各月平均降水量（mm）。

若尔盖湿地多年各月平均降水量采用若尔盖县的多年各月平均降水量数据，数据来源于中国天气网。

第二，土壤可蚀性因子（K）。土壤可蚀性因子 K 值反映的是土壤被降雨侵蚀力分离、冲蚀和搬运的难易程度，K 值的大小主要受土壤质地、土壤结构状况、土壤渗透性、有机质百分含量等因素的影响。为了更准确量化水土流失对土壤的敏感程度，本研究引进 Willianm 等（1983）建立的 EPIC 模型，该模型仅需要土壤有机碳和土壤颗粒含量数据即可以计算出 K 值。

$$K=[0.2+0.3e^{-0.0256SAN\ (1-SIL/100)}]\times\left[\dfrac{SIL}{CLA+SIL}\right]^{-0.3}\times$$

$$[1-\dfrac{0.25C}{C+e^{3.72-2.95C}}]\times[1-\dfrac{0.7SN_1}{SN_1+e^{-5.51+22.9SN_1}}] \qquad (6-16)$$

式中，SAN——砂粒含量（%）；

SIL——粉粒含量（%）；

CLA——黏粒含量（%）；

C——有机碳含量（%）；

SN_1——$1-SAN/100$。

由于本研究中的土壤理化性质采用的是美制单位，得到的单位为 0.01·ton·acre·h/（acre·ftton·in），将其乘以 0.1313 转换为国际制单位（靳晓莉等，2012）。若尔盖湿地的砂粒含量、粉粒含量、黏粒含量和有机碳含量来源于全国 1 : 100 万土壤类型分布图。

第三，坡长因子 L 和坡度因子 S。在通用土壤流失方程式中，坡长因子和坡度因子统称为地形因子，把坡长定义为从地表径流的起点到坡度降低到足以发生沉积的位置或者径流进去一个规定渠道的入口处的距离。坡度是田面或部分坡面的坡度，通常用百分数来表示，这里用的是正弦坡度百分数，以标准小区长 22.13 m 为基础，定义坡长因子为：

$$L=（\lambda/22.3）^m \qquad (6-17)$$

式中，λ——坡长（m）；

m——指数，其取值由以下条件决定（$m=0.2$，$\theta<1\%$；$m=0.3$，$1\leqslant\theta\leqslant3\%$；$m=0.4$，$3\%<\theta<5\%$；$m=0.5$，$\theta\geqslant5\%$；$\theta$ 为坡度）。

坡度因子采用刘宝元的研究结果（刘宝元，2001），计算公式如下：

$$S=10.8\sin\theta+0.03 \quad （\theta\leqslant5°） \qquad (6-18)$$

$$S=16.8\sin\theta-0.5 \quad （5<\theta\leqslant10°） \qquad (6-19)$$

$$S=21.9\sin\theta-0.96 \quad （\theta>10°） \qquad (6-20)$$

式中，S——坡度因子；

θ——坡度（°）。

在 Arcgis 环境下，在空间分析模块中 surface 模块下的 slope 模型，利用 DEM 数据计算得到坡度值。

第四，C 因子。作物管理因子即作物覆盖因子，它是在相同的土壤、坡度和相同的降雨条件下，某一特定作物或植被情况时的土壤流失量与一耕种过后连续休闲的土地土壤流失量的比值。C 值介于 0 和 1 之间，C 值越大说明它所应的土地利用方式的土壤侵蚀越严重。若尔盖湿地为纯牧区，没有管理措施，湿地的 C 值设为 0（姜明等，2005）。

第五，土壤侵蚀控制措施因子 P。侵蚀控制措施因子 P 是采用专门措施后的土壤流失量与顺坡种植时的土壤流失量的比值，若尔盖湿地的 P 值为 1。

②价值量评价。第一，保持土壤肥力价值。运用影子价格法对若尔盖湿地的保持土壤肥力价值进行评价，土壤肥力主要包括土壤中的氮、磷、钾元素。

$$V_1 = \sum A_c \times C_i \times P_i \qquad (6-21)$$

式中，V_1——保持土壤养分的单位价值（元 /a）；

A_c——土壤保持量（t/a）；

C_i——土壤氮、磷、钾的纯含量（%）；

P_i——化肥（尿素、磷酸氢二铵和氯化钾）价格（元 /t）。

若尔盖沼泽土壤的总氮、总磷、总钾含量分别为 1.1%、0.07% 和 0.16%。化肥的价格采用《2012 年中国统计年鉴》中尿素、磷酸氢二铵和氯化钾的进口价格，分别为 4568 元 /t、4203 元 /t 和 2716 元 /t，平均为 3829 元 /t。

第二，减少土地废弃的价值。根据若尔盖湿地的土壤容重和表层土壤厚度把土壤保持量换算为土壤面积保持量，然后根据机会成本法计算其价值：

$$V_2 = A_c \times B / (1000 \times d \times \rho) \qquad (6-22)$$

式中，V_2——减少废弃土地的经济效益（元 /a）；

B——牧业年均收益（元 /hm²）；

ρ——土壤容重（t/m³）；

d——土壤厚度（m）；

A_c——土壤保持量（t/a）。

若尔盖沼泽土壤容重为 0.25 g/cm³，土壤厚度取 0.5 m，根据《2012 年中国统计年鉴》，2011 年四川省牧业的机会成本为 15514 元 /hm²。

第三，减少泥沙淤积价值。按照我国泥沙运动规律，每年全国土壤侵蚀流失的泥沙有 24% 的淤积在水库、江河和湖泊中，造成蓄水量的减少，因而用水库清淤费用计算减轻泥沙淤积的价值：

$$V_n = A_c \times 0.24 \times P_a / \rho \qquad (6-23)$$

式中，V_n——减轻泥沙淤积的价值（元/a）；

P_a——水库清淤工程费用，这里取 6.94 元/m³（何浩等，2012）；

A_c——土壤保持量（t/a）；

ρ——土壤容重（t/m³）。

(9) 气候调节。湿地可以通过水汽蒸发调节当地温度和湿度，为人类提供效益。由于季节性积水沼泽地表积水不稳，本研究只计算若尔盖湿地内的湖泊河流和常年积水沼泽的蒸发量。若尔盖湿地年均蒸发量约为 1232 mm（邓茂林，2010；胡光印，2009），水面相对于陆地的蒸发量一般要高 20%（李菲菲，2008），则若尔盖湿地相对于陆地的蒸发量为 5.07×10⁷ m³。若尔盖湿地蒸发量大多集中于 4 月下至 10 月，其余时间是冰冻期，假设这一时期的蒸发量占总蒸发量的 80%，则若尔盖湿地用于调节温度和湿度的蒸发量为 4.05×10⁷ m³。

第一，调节温度。随着温度升高，水的汽化热会越来越小，取水在 100℃ 1 标准大气压下的汽化热 2260 kJ/kg，则若尔盖湿地能被人类利用的蒸发吸收的总热量 9.2×10¹³ kJ，蒸发降低气温按照空调的制冷消耗进行计算，空调的能效比取 3.0（江波等，2011），2011 年四川省居民用电价格约为 0.52 [元/（kW·h）]。

第二，增加湿度。若尔盖湿地多年被利用蒸发量为 4.05×10⁷ m³，也就是说为空气提供 4.05×10⁷ m³ 的水汽，提高了空气湿度，若尔盖湿地水面蒸发增加空气湿度的价值采用加湿器使用消耗电量进行计算，以市场上较常见家用加湿器功率 32W 来计算，将 1 m³ 水转化为蒸汽耗电量约为 125 kW·h（江波等，2011），2011 年电价取 0.52 [元/（kW·h）]。

由于若尔盖湿地属高原寒带温湿季风气候，最冷月（1 月）平均气温 −10.6 ℃，最高月（7 月）平均气温为 10.8 ℃，其调节温度作用可以忽略不计，本研究在气候调节这一价值中只考虑其增加湿度这一服务。若尔盖湿地地广人稀，其增湿效益不能全部为人类所利用。本研究假设利用率为 50%。

(10) 精神宗教价值。若尔盖高寒湿地属于藏区，居民基本上为牧民。该区拥有独特的民族文化和地方特色的安多藏族文化、悠久的宗教文化，又有红军长征文化和农、牧两个不同的区域文化，是具有宗教舞"跄"、民间"锅庄"、民间神话、传说和史诗等民间文艺、民间文学浓厚的地方，是藏民心中神圣的土地。目前对于精神宗教价值还没有具体的评价方法，因此本研究暂且不对该服务进行评价。

2. 中间服务价值评估

（1）净初级生产力。净初级生产力（NPP）是从光合作用所产生的有机质总量中扣除自身呼吸后的剩余部分。NPP 直接反映了植物群落在自然条件下的生产能力，通过有机物质生产和固碳服务等间接为人类福祉做出贡献。NPP 可通过植物生物量换算得到，在由生物量转换时乘以 0.475 的系数（朱文泉等，2007）。NPP 的价值可用影子价格法计算，生态系统所固定的碳可以转化为相等能量的标煤重量，因此可由标煤价格间接估算净初级生产力的价值（韩德梁，2010）。

$$V_n = \text{NPP} \times P_c \times 1.2 \tag{6-24}$$

式中，V_n——净初级生产力价值（元/a）；

$\quad$ NPP——净初级生产力（t/a）；

$\quad$ P_c——标煤价格（元/t）。

碳的热值为 0.036 MJ/g，标煤的热值为 0.02927 MJ/g，则 1 g 碳相当于 1.2 g 的标煤。根据秦皇岛煤炭网，2011 年我国 5000 K 原煤的价格约为 750 元/t，则标准煤的价格为 1050 元/t。

（2）涵养水源。若尔盖湿地的涵养水源能力包括地表表层储水和沼泽的土壤蓄水两部分，涵养水源价值通常用替代成本法来计算（Qian and Lin，2012）。

$$V_{sw} = [(W_s \times D) + \sum A_i \times d_i] \times P_s \tag{6-25}$$

式中，V_{sw}——涵养水源价值（元/a）；

$\quad$ W_s——沼泽土壤单位体积有效水含量（kg/m³）；

$\quad$ D——土壤水分活跃深度（m）；

$\quad$ A_i——各类型湿地面积（m²）；

$\quad$ D_i——各类型湿地储水深度（m）；

$\quad$ i——地表可以储存水的湿地；

$\quad$ P_s——同上。

沼泽土壤的单位体积有效水含量取 626.95 kg/m³，土壤水分活跃深度取 0.5 m（张晓云等，2008），计算得到沼泽的涵养水源量为 1.5×10^8 t。由于季节性积水型沼泽水源补给不稳定，意义不大，本研究只计算了常年积水沼泽和湖泊河流的地表储水量，湖泊河流和常年积水沼泽的的平均深度分别为 85 cm 和 25 cm（田应兵，2005），储水量分别为 1.8×10^7 t 和 4.6×10^7 t。

（3）营养循环。营养循环物质量的计算方法主要有生物库养分持留法和土壤库养分持留法（李文华，2008），生物库养分持留法认为构成草地净初级生产力的营养元素量即为参与循环的养分量，用净初级生产力和其中的氮、磷、钾含量的比例来计算。土壤库养分持留法是指将土壤表层的养分含量看成是参与营养循环的养分量，主要是根据土壤表层的氮、磷、钾含量来计算。可以看出，采用生物库养分持留法计算的营养循环的价值已经包含在净初级生产力价值中，因此在计算最终服务的价值时采用土壤库养分持留法来计算若尔盖湿地的营养循环量，营养循环价值采用影子价格法来计算：

$$V_{nt} = A \times \rho \times d \times R \times P_i \qquad (6-26)$$

式中，V_{nt}——若尔盖湿地营养循环的价值（元 /a）；

A——沼泽的面积（m^2）；

ρ——土壤容重（kg/m^3）；

d——土壤表层厚度（m）；

R——沼泽土壤表层中营养物质的含量（氮、磷、钾）（kg/m^3）；

P_i——化肥的价格（元 /kg）。

为了探讨若尔盖湿地营养循环与净初级生产力的重复计算价值，本研究也对生物库养分持留法计算得到的营养循环价值进行评价，计算公式如下：

$$V_r = NPP \times R \times P_r \qquad (6-27)$$

式中，V_r——营养循环价值（元 /a）；

NPP——净初级生产力；

R——营养物质比例（氮、磷）（%）；

P_r——化肥的价格（元）。

湿地生态系统植物体的磷和粗蛋白含量数据来源于《中国草地资源》，根据粗蛋白中氮元素的比例（1/6.25）可以计算得到沼泽植物的氮含量（赵同谦等，2004），得到沼泽植被营养物质（氮、磷）含量为 2.2%。

（4）废弃物降解。本区为纯牧区，湿地生态系统内的废弃物主要是指牲畜排泄的粪便。通过估算散落在湿地内的粪便的营养成分总量，可以得到若尔盖湿地内降解的废弃物量。

$$W_t = \sum R_i \times Q_i \times a \qquad (6-28)$$

式中，W_t——废弃物降解量（t）；

R_i——各牲畜类型中营养元素的排放量（N、P）（t/头）；

Q_i——各牲畜类型的数量（头）；

i——牲畜类型；

a——养分归还率。

研究表明，草地内牲畜排放的粪便约 70% 被当作燃料烧掉，其余 30% 的粪便作为肥料归还草地。各牲畜类型的营养元素排放量数据来源于赵同谦的研究（赵同谦等，2004）（表 6-4）。牲畜饲养数量来源于 2011 年若尔盖县农牧畜医局统计资料，根据沼泽所占若尔盖自然保护区面积比得到若尔盖湿地牲畜的饲养量。

价值量评价采用影子价格法（张晓云等，2008），以化肥的价格来代替废弃物降

表 6-4 2011 年若尔盖湿地生态系统废弃物降解量

类型	数量（头）	个体 N 排放量（kg）	个体 P_2O_5 排放量（kg）	N 排量（t）	P_2O_5 排放量（t）
牛	98301	31.2	14.5	3067.0	1425.4
马	5197	42.0	11.1	218.3	57.7
羊	136120	6.2	2.8	843.9	381.1

解的价值：

$$V_{wt} = \sum W_{ti} \times P_i \qquad (6-29)$$

式中，V_{wt}——废弃物降解价值（元 /a）；

W_{ti}——不同营养元素的降解量（氮、磷）（t）；

P_i——化肥价格（尿素、磷酸氢二铵）（元 /t）。

若尔盖废弃物降解服务与营养循环服务存在着部分重复计算，据研究，沼泽植物对进入到沼泽湿地生态系统中的 N 的净化贡献率达 100%，而对 P 的贡献率仅达 2.96%~12.44%，平均为 7.7%，剩余的 P 基本上被湿地土壤所吸附（徐宏伟等，2005）。因此废弃物降解中土壤对 P 的吸附这一部分价值与采用土壤库养分持留法得到的营养循环价值重复计算，在总的计算中应该去除。土壤对废弃物中 P 的吸收价值通过下式计算得到：

$$V_p = 92.3\% \times R_p \times P_n \tag{6-30}$$

式中，V_p——土壤吸附废弃物中 P 的价值（元 /a）；

R_p——废弃物中 P 的归还量（t）；

P_n——磷肥的价格（4203 元 /t）。

（5）生物多样性维持。若尔盖湿地生物多样性丰富，区内有众多国家级保护动物，具有重要的生物多样性维持价值。本研究采用支付意愿法（CVM）来计算若尔盖湿地的生物多样性维持服务价值。

$$T_{WTP} = MWTP \times R_{WTP} \times N \tag{6-31}$$

式中，T_{WTP}——若尔盖湿地自然保护区生物多样性维持服务的总价值（元 /a）；

MWTP——人均支付意愿值（元 / 人）；

R_{WTP}——正支付比率（%）；

N——实际愿意支付人口总数（人）。

总的正支付意愿比例根据两种调查问卷的平均值得到，人均支付意愿值通过累积频度中位数得到（王凤珍等，2010），根据《2012 年中国统计年鉴》，2011 年中国城镇就业人口总数为 3.59 亿。

通过对样本的统计分析，有效问卷中平均支付意愿比例为 82.5%，平均支付意愿值为 135 元 /a。愿意支付问卷中，因选择价值而选择支付的比例为 29%，因遗赠价值选择支付的比例为 35%，因存在价值选择支付的比例为 36%（表 6-5 和表 6-6）。

由于问卷调查以若尔盖湿地自然保护区为评估对象，需排除若尔盖湿地保护区内草甸的生物多样性维持价值。De Groot 等（2012）在估算 2007 年全球 10 个主要生物群落的生态系统服务价值时得出草地的生物多样性维持价值（栖息地服务）为 1214 [元 /（hm² · a）]，内陆湿地的生物多样性维持服务 2455 [元 /（hm² · a）]，单位面积的生物多样性维持价值之比约为 1：2。我们假设若尔盖湿地的单位面积生物多

表 6-5 若尔盖湿地路访受访者支付意愿值的频度分布

WTP（元/a）	绝对频度	相对频率（%）	调整的频率（%）	累积频率（%）
1~20	66	22.00	30.70	30.70
20~50	53	17.67	24.65	55.35
50~100	67	22.33	31.16	86.51
100~150	20	6.67	9.30	95.81
150~300	8	2.67	3.72	99.53
>300	1	0.33	0.47	100.00
拒支付	85	28.33	100.00	
总计	300	100.00		

表 6-6 若尔盖湿地网络受访者支付意愿值的频度分布

WTP（元/月）	绝对频度	相对频率（%）	调整的频率（%）	累积频率（%）
1~5	14	13.33	14.30	14.30
5~10	16	15.24	16.33	30.63
10~15	8	7.62	8.16	38.79
15~20	7	6.67	7.14	45.93
20~25	8	7.62	8.16	54.09
25~30	11	10.48	11.22	65.31
30~35	10	9.52	10.20	75.51
35~40	6	5.71	6.12	81.63
40~45	16	15.24	16.33	97.96
>45	2	1.90	2.04	100.00
拒支付	7	6.67	100.00	
总计	105	100.00		

样性维持服务价值为 x 元 $/hm^2$，则草甸的生物多样性维持服务价值为 $x/2$ 元 $/hm^2$，通过以下公式计算得到若尔盖湿地的生物多样性维持服务价值：

$$T_{WTP}=ax+bx/2 \qquad\qquad (6-32)$$

$$V_b=ax=a \times T_{WTP}/ \ (a+b/2) \qquad\qquad (6-33)$$

式中，V_b——若尔盖湿地的生物多样性维持服务价值（元 $/a$）；

a——湿地面积（hm^2），

b——草甸面积（hm^2）；

T_{WTP}——若尔盖湿地自然保护区生物多样性维持服务的总价值（元 $/a$）。

三、评价结果

2011 年若尔盖湿地的最终服务价值为 97.18 亿元（表 6-7）。其中调蓄洪水价值最大，为 40.8 亿元，占总价值的 41.98%，说明若尔盖湿地作为黄河上游重要的蓄洪区，对人类效益的直接贡献最大。大气调节价值为 23.1 亿元，占总价值的 23.77%，其中释氧价值为 23.6 亿元，温室气体排放价值为 0.5 亿元；气候调节价值为 13.15 亿元，占总价值的 13.53%；固碳价值为 9.8 亿元，占总价值的 10.08%；休闲娱乐价值为 7.3 亿元，占总价值的 7.51%；供水价值为 2.1 亿元，占总价值的 2.16%；物质生产价值 0.78 亿元，占总价值的 0.80%；科研教育价值为 0.1 亿元，占总价值的 0.10%；土壤保持价值最小，仅 500 万元。长期以来，人们只注重湿地产生的直接经济效益，忽视湿地的其他服务，而 2011 年若尔盖湿地通过物质生产和旅游带来的收益为 8.08 亿元，仅占总价值的 8.31%。因此，在若尔盖湿地的管理过程中，要更加注重生态功能的保护，合理地开发利用自然资源。

2011 年若尔盖湿地的中间服务价值为 257.96 亿元，此值即为通过分类避免重复计算的价值。其中生物多样性维持服务价值为 200.0 亿元，占中间服务总价值的 77.53%，营养循环价值为 31.2 亿元，占中间服务总价值的 12.09%，涵养水源价值为 15.0 亿元，占中间服务总价值的 5.81%，净初级生产力价值为 11.7 亿元，占中间服务总价值的 4.54%，最小的为废弃物降解价值，仅 800 多万元。在中间服务总价值的加和时，去除了营养循环和废弃物降解价值重复计算的 216.9 万元。

湿地生态系统的中间服务通过最终服务来间接为人类效益做出贡献，不同的中间服务通过不同的最终服务来体现其价值（图 6-1）。净初级生产力的价值主要通过物质生产、固碳、大气调节等价值来体现，涵养水源的价值通过供水、调蓄洪水和气候调节来体现，营养循环价值主要通过土壤保持、固碳、科研教育等来体现，废弃物降解价值主要通过物质生产、供水和科研教育价值来体现，生物多样性维持价值主要通过休闲娱乐、物质生产、科研教育等价值来体现。2011 年若尔盖湿地的中间服务大于最终服务，说明若尔盖湿地还有一部分中间服务没有被人类所利用。

表 6-7　2011 年若尔盖湿地生态系统服务价值

服务	最终服务		服务	中间服务 [a]	
	价值量（亿元）	比例（%）		价值量（亿元）	比例（%）
物质生产	0.78	0.80	净初级生产力	11.70	4.54
供水	2.10	2.16	涵养水源	15.00	5.81
土壤保持	0.05	0.05	营养循环	31.20	12.09
固碳	9.80	10.08	废弃物降解	0.08	0.02
休闲娱乐	7.30	7.51	生物多样性维持	200.00	77.53
调蓄洪水	40.80	41.98	合计	257.96[a]	
科研教育	0.10	0.10			
大气调节	23.10	23.77			
气候调节	13.15	13.53			
合计	97.18				

注：a 中间服务总价值中排除了废弃物降解与营养循环重复计算的 216.9 万元。

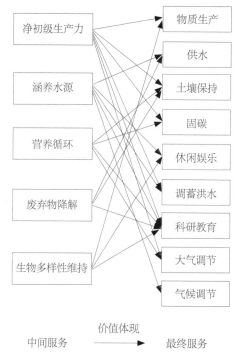

中间服务　　价值体现　　最终服务

图6-1　若尔盖湿地中间服务和最终服务的对应关系

第二节　扎龙湿地

一、研究区概况

　　扎龙湿地位于东北平原北部的乌裕尔河下游，齐齐哈尔市东南 26.7km 的闭流洼地，地理位置介于 123°47′~124°37′E、46°52′~47°32′N 之间，建有黑龙江扎龙国家级自然保护区。扎龙湿地保护区行政区划包括齐齐哈尔市铁锋区、昂昂溪区、富裕县、泰来县及大庆市林甸县、杜尔伯特蒙古族自治县交界区域，总面积约 2200 km²，是丹顶鹤在我国的主要繁殖栖息地，1987 年被国务院批准为国家级自然保护区，1992 年被列入国际重要湿地名录。

　　本区属温带大陆性季风气候，春旱风大，夏热多雨，秋凉霜早，冬寒漫长。年平均气温 1~3 ℃，最高气温 36.6 ℃，最低气温 −35 ℃，多年平均降雨量 418.7 mm，多集中在 6~8 月，蒸发强烈。土壤类型主要包括潜育草甸土、草甸沼泽土和碳酸盐草甸土，还有少量风沙土、盐土、碱土等。本区有鱼类 9 科 46 种，两栖爬行类 4 科 6 种，鸟类 17 目 48 科 265 种，兽类 5 目 9 科 21 种，昆虫 11 目 65 科 277 种。由于本区有着大面积的浅水湖泊和沼泽，吸引了大批的鸟类来此停歇繁殖，属国家级保护的鸟类有 41 种，其中国家一级保护鸟类 8 种，国家二级保护鸟类 33 种。本区有高等植物 468 种，隶属于 67 科，草本植物占大多数。地表植被以沼泽、沼泽草甸、盐化草甸植被为主，典型的沼泽植被为芦苇（*Phragmites communis*）和薹草（*Carex* spp.）。扎龙湿地自然保护区涉及的乡镇及企事业单位的总人口约为 25.9 万人，绝大部分居住在保护区外围地带。保护区内仅分布有 2.9 万人，其中核心区内约 3800 人，保护区内居民的主要经济来源是割草割苇、捕鱼、耕种和放牧等。

二、研究方法

（一）服务价值评价指标体系

根据生态系统服务的原理及扎龙湿地的特点，确定了扎龙湿地生态系统服务指标，包括物质生产、调蓄洪水和水质净化等 13 种服务（表 6-8）。根据是否对人类效益产生直接贡献，确定了扎龙湿地的最终服务和中间服务。最终服务包括物质生产、供水、土壤保持、水质净化、气候调节、固碳、调蓄洪水、大气调节、休闲旅游和科研教育；中间服务包括净初级生产力、营养循环、涵养水源、废弃物处理、地下水补给和生物多样性维持服务。在选取评价方法时，本研究根据具体的评估环境和每种服务的最优评价方法来确定。

表 6-8 扎龙湿地生态系统服务价值评价指标体系

类别	服务指标	评价参数	评价方法
最终服务	物质生产	芦苇	市场价值法
		羊草	
		鱼类	
	供水	供水量	市场价值法
	调蓄洪水	土壤调洪量	替代成本法
		地表滞水量	
		湖泊调蓄水量	

类别	服务指标	评价参数	评价方法
最终服务	水质净化	氮去除量	替代成本法
		磷去除量	
		化肥去除量	
	气候调节	增湿	影子价格法
		降温	
	固碳	植被固碳	可避免成本法
		土壤碳储存	
	大气调节	氧气释放	市场价值法
		CH_4排放	可避免成本法
	土壤保持	减少土地废弃	机会成本法
		保肥	影子价格法
		减少泥沙淤积	替代成本法
	休闲娱乐	旅行费用	旅行费用法
		旅行时间	
		消费者剩余	
	科研教育	论文投入	影子价格法
	授粉	农作物产量	生产函数法
中间服务	净初级生产力	NPP	影子价格法
	地下水补给	地下水补给量	影子价格法
	涵养水源	平均径流量	替代成本法
	营养循环	土壤氮、磷、钾含量	影子价格法
	生物多样性维持	生物多样性维持	支付意愿法

扎龙湿地生态环境服务价值评价所需数据主要通过野外试验和资料收集，以及遥感解译获取，数据获取途径包括：

1. 野外试验

调查问卷包括两部分：一为休闲旅游调查问卷，一为生物多样性维持服务调查问卷。调查问卷的发放共采用网络发放和实地发放两种方式，实地发放于 2013 年 6 月初进行，共 10 d，网络调查问卷同期进行。生物多样性维持服务调查问卷实地发放 302 份，当地居民 152 份，游客 150 份，网络调查问卷回收 122 份，共筛选有效问卷 414 份；休闲旅游调查问卷发放 150 份，回收有效问卷 140 份，网络调查回收 122 份，根据扎龙湿地的门票等实际情况筛选有效问卷 68 份。

2013 年 10~11 月在扎龙湿地设置了 18 个样地，用 GPS 记录每个样地的经纬度，在每个样地内进行生物量测定和土壤样品采集。每个样地按梅花形布点设置 3 个 1 m×1 m 的植物生物量样方，其中芦苇沼泽设置 12 个样地，草甸设置 6 个样地，地上生物量采用收割法采集，地下生物量采用挖掘法采集。每个样地取 1 个 0~100 cm（20 cm 间隔）土柱，用于测定土壤容重、土壤有机碳、总氮、总磷和总钾。

水质调查于 2013 年 10~11 月进行，在扎龙湿地双阳河和乌裕尔河的上游（龙安桥、双阳河入口）、中游（东升水库、克钦湖、保护区管理处、育苇场、烟筒屯）和下游（特勒、哈塔桥）共布设 11 个采样点。在采样时，记录采样点的经纬度、pH 值、电导率、温度等，水样采集后带回实验室测定氮、磷离子含量。

2. 其他数据

2010 年 8 月 Landsat TM 5 影像数据来源于国际科学数据服务平台，基准面为 WGS-84 体系。归一化植被指数（NDVI）数据为 2011 年 16 d 合成的 MODIS 植被指数产品 MOD 13Q 1（分辨率为 250 m）数据集，来源于 http://ladsweb.nascom.nasa.gov/data/search.html 网站。对该数据集进行投影转换，使其与 Landsat TM 5 影像数据的投影坐标体系一致，最终利用最大合成法（MVC）生成 12 个波段逐月最大 NDVI 值数据。

气象数据来自黑龙江气象数据服务中心，包括扎龙湿地周边 4 个县和齐齐哈尔市 2011 年逐月平均气温和降水量资料，进行 Kringing 插值，获取像元大小与 NDVI 数据一致，投影相同的气象栅格图。全国 1 : 100 万土壤类型分布图来源于西部数据中心。数字高程模型（DEM）来源于国际科学数据服务平台，分辨率为 30 m × 30 m。

（二）服务价值评价方法

1.最终服务价值评价

（1）物质生产。扎龙湿地主要的植物资源是芦苇和羊草，动物资源是鱼类和鸟类，芦苇、羊草和鱼类都通过市场直接进行交易。扎龙湿地的物质生产价值可以通过市场价值法来计算：

$$V_s = \sum_{i=1}^{n} A_i \times Y_i \times P_i \tag{6-34}$$

式中，V_s——物质产品生产价值（元/a）；

A——第 i 类物质的可收获面积（hm^2）；

Y——第 i 类物质的单产（kg/hm^2）；

P——第 i 类物质的价格（元/kg）。

芦苇、羊草和鱼类的可收获面积按 50% 的开发强度来计算。各种产品的产量和价格见表 6-9。

表 6-9　2011 年扎龙湿地物质产品产量和价格

物质产品	面积（hm^2）	产量（kg/hm^2）	单价（元/kg）
芦苇	64571.2	5000	0.4
羊草	16576.6	1000	0.6
鱼类	4963.4	82	8

（2）调蓄洪水。扎龙湿地是双阳河和乌裕尔河洪水的主要集散区，调蓄洪水能力巨大。扎龙湿地的调洪能力主要包括沼泽土壤的调蓄洪水能力、沼泽的地表滞水能力

以及湖泊的调蓄能力，其调蓄洪水价值采用替代成本法来计算：

$$V_r = (W_s + W_u + W_r) \times P_r \tag{6-35}$$

式中，V_r——扎龙湿地的调蓄洪水价值（元/a）；

$\quad\quad W_s$——沼泽土壤的蓄洪量（t）；

$\quad\quad W_u$——沼泽的地表滞洪量（t）；

$\quad\quad W_r$——湖泊河流的调洪量（t）；

$\quad\quad P_r$——水库造价成本（元/t）。

研究表明，沼泽土壤具有巨大的调蓄水能力，可调蓄洪水 8100 m^3/hm^2（张天华等，2005），则扎龙湿地的土壤调蓄洪水能力为 10.5×10^8 m^3。东部平原湿地洪水期最大淹没深度取 1 m（赵同谦等，2003），则扎龙湿地地表滞水为 16.2×10^8 m^3。湖泊调蓄洪水能力以我国东部主要湖泊调蓄洪水的能力来进行换算，我国东部平原地区湖泊的调蓄洪水能力为 55×10^3 m^3/hm^2（赵同谦等，2003），计算得到扎龙湿地湖泊的调蓄洪水能力为 5.5×10^8 m^3。单位水库造价成本取 7.02 元/t（赖敏等，2013）。

（3）气候调节。扎龙湿地的气候调节包括调节温度和调节湿度两部分。扎龙湿地保护区沼泽和水域多年蒸发平均深度为 802.5 mm，陆地多年平均蒸发深度为 379.4 mm（刘大庆和许士国，2006），沼泽和水域面积约为 139069.1 hm^2，则相对于陆地的蒸发量为 5.9×10^8 m^3。扎龙湿地调节温度和增加湿度的时间为 4~9 月，这一期间的蒸发量约占全年总蒸发量的 82.3%（刘大庆和许士国，2006），计算得到扎龙湿地的蒸发量为 4.9×10^8 m^3。该区地广人稀，蒸发产生的效益不能全部为当地人所利用，本研究假设蒸发量利用率为 50%。

调节温度：随着温度升高，水的汽化热会越来越小，取水在 100℃ 1 标准大气压下的汽化热 2260 kJ/kg，则扎龙湿地能被人类利用的蒸发吸收的总热量 5.5×10^{14} kJ，蒸发降低气温按照空调的制冷消耗进行计算，空调的能效比取 3.0（江波等，2011），2011 年齐齐哈尔市的平均电价为 0.51 元/（kW·h）。

增加湿度：扎龙湿地内的沼泽和水域多年被利用蒸发量为 2.45×10^8 m^3，也就是说为空气提供 2.45×10^8 m^3 的水汽，提高了空气湿度，扎龙湿地水面蒸发增加空气湿度的价值采用加湿器使用消耗进行计算，以市场上较常见家用加湿器功率 32W 来计算，将 1 m^3 水转化为蒸汽耗电量约为 125 kW·h（江波等，2011），2011 年电价取 0.51 [元/（kW·h）]。

（4）固碳。扎龙湿地可以通过植物光合作用和土壤碳储存来为减缓全球气候变暖做出贡献，其固碳服务包含植物固碳和土壤碳储存量两部分。

物质量评估：第一，植物固碳量。扎龙湿地的植物固碳量可以通过 NPP 来表示，采用 CASA 模型对 2011 年扎龙湿地年尺度净初级生产力（NPP）进行估算（Field et al., 1995；Potter et al., 1993）：

$$NPP \ (x, \ t) = APAR \ (x, \ t) \ \times \varepsilon \ (x, \ t) \qquad (6-36)$$

式中，$NPP \ (x, \ t)$——t 月份像元 x 处的 NPP；

　　　$APAR \ (x, \ t)$——像元 x 在 t 月份吸收的光合有效辐射（W/m^2）；

　　　$\varepsilon \ (x, \ t)$——像元 x 在 t 月份的实际光利用率。

植物吸收的 $APAR$ 取决于植物本身的特征和太阳总辐射量，计算公式为：

$$APAR \ (x, \ t) = SOL \ (x, \ t) \ \times FPAR \ (x, \ t) \ \times 0.5 \qquad (6-37)$$

式中，$SOL \ (x, \ t)$——t 月份像元 x 处的太阳总辐射量（MJ/m^2），基于 DEM 数据在 GIS 软件中的太阳辐射模块计算得到；

　　　$FPAR \ (x, \ t)$——植被层对入射光合有效辐射（PAR）的吸收比例，通过 NDVI 获得；

　　　常数 0.5——植被所能利用的太阳有效辐射（波长为 $0.4 \sim 0.7 \mu m$）占太阳总辐射的比例。

$FPAR$ 的计算采用 Ruimy 提出的公式计算得到（Ruimy et al., 1994）：

$$FPAR \ (x, \ t) = -0.025 + 1.25 \times NDVI \qquad (6-38)$$

第二，光利用率的估算。理想条件下的植被具有最大光利用率，现实条件下的最大光利用率主要受水分和温度的影响，计算公式如下：

$$\varepsilon \ (x, \ t) = T_{\varepsilon 1} \ (x, \ t) \ \times T_{\varepsilon 2} \ (x, \ t) \ \times W_{\varepsilon} \ (x, \ t) \ \times \varepsilon_{max} \qquad (6-39)$$

式中，$T_{\varepsilon 1} \ (x, \ t)$、$T_{\varepsilon 2} \ (x, \ t)$——低温和高温对光利用率的胁迫作用；

　　　$W_{\varepsilon} \ (x, \ t)$——水分胁迫影响系数，反应水分条件的影响；

　　　ε_{max}——理想条件下的最大光利用率（g C/MJ），其值与植被类型有关。

$$T_{\varepsilon 1} \ (x, \ t) = 0.8 + 0.02 \times T_{opt} \ (x) - 0.005 \times [T_{opt} \ (x)]^2 \qquad (6-40)$$

式中，$T_{opt} \ (x)$——某一区内 NDVI 值达到最高时的当月平均气温。

NDVI 的大小及其变化可以反映植物的生长状况，NDVI 达到最高时，植物生长最快，此时的气温一定程度上可以作为植物生长的最适温度。$T_{\varepsilon 1} \ (x, \ t)$ 表示温度从最适温度向高温和低温变化时植物光利用率的变化趋势。 公式如下：

$$T_{\varepsilon 2}\ (x,\ t)\ =1.184/\{1+\exp[\ 0.2\times\ (\ T_{opt}\ (x)\ -10-T\ (x,\ t)\ )\ ]\}\times$$

$$1/\{1+\exp[\ 0.3\times\ (\ -T_{opt}\ (x)\ -10+T\ (x,\ t)\ )\ ]\}\qquad(6-41)$$

式中，当某一月平均温度 $T\ (x,\ t)$ 比最适温度高 10℃或低 13℃时，该月的 $T_{\varepsilon 2}$ $(x,\ t)$ 值等于月平均温度 $T\ (x,\ t)$ 为最适温度时 $T_{\varepsilon 2}\ (x,\ t)$ 值的一半。

W_{ε} 反映了植物所能利用的有效水分条件对光利用率的影响，随着有效水分的增加，W_{ε} 逐渐增加，其取值范围在 0.5（极端干旱条件）至 1.0（非常湿润条件）之间。 本研究根据周广胜和张新时建立的区域实际蒸散模型计算 W_{ε}（周广胜和张新时，1995)，该模型主要利用气象数据，公式如下：

$$W_{\varepsilon}\ (x,\ t)\ =0.5+0.5\times \text{EET}\ (x,\ t)\ /\text{PET}\ (x,\ t)\qquad(6-42)$$

式中，EET $(x,\ t)$ ——区域实际蒸散量（mm），根据周广胜和张新时建立的区域实际蒸散模型求取（周广胜和张新时，1995）；

PET $(x,\ t)$ ——区域潜在蒸散量（mm），根据 Bouchet 提出的互补关系求取（张志明，1990)。

$$\text{EET}\ (x,\ t)\ =\{r\ (x,\ t)\ \times R_n\ (x,\ t)\ \times[\ (r\ (x,\ t)\ ^2+$$

$$(R_n\ (x,\ t)\ ^2+\ (r\ (x,\ t)\ \times R_n\ (x,\ t)\ ]\}/\{[\ (r\ (x,\ t)\ +$$

$$R_n\ (x,\ t)\ \times[\ (r\ (x,\ t)\ )\ ^2+\ (R_n\ (x,\ t)\ )\ ^2]\}\qquad(6-43)$$

式中，$r\ (x,\ t)$ ——像元 x 在 t 月处的降水量；

$R_n\ (x,\ t)\ )$ ——像元 x 在 t 月份的太阳净辐射量。

$$R_n=\ (\text{PET}\times r)\ ^{0.5}\times[\ 0.369+0.598\times\ (\text{PET}/r)\ ^{0.5}]\qquad(6-44)$$

$$\text{PET}=\text{BT}\times 58.93\qquad(6-45)$$

式中，BT——$\sum T/12$ 或 $\sum t/365$；

t——大于 0℃与小于 30℃的日均温（℃）；

T——大于 0℃与小于 30℃的月均温（℃）。

$\varepsilon_{\max}$ 是理想条件下的最大光能利用率（g C/MJ），其值与植被类型有关，沼泽、草甸和耕地的取值根据 Running 的研究结果（Running et al.，2000），并与实测 NPP 进行比较调整，分别取值 0.768 gC/MJ、0.608 gC/MJ 和 0.608 gC/MJ，水域和其他类型的采用 CASA 模型固定的全球植被最大光能利用率 0.389 gC/MJ（朱文泉等，2005；朱文泉等，2006）。

模型模拟结果的精度检验一般有两种：与实测数据对比和与其他模型模拟结果进行对比（高清竹等，2007）。本研究基于实测的植物生物量换算成以碳为单位的 NPP 时（gC/m²）乘以 0.475 的系数（朱文泉等，2006），与 CASA 模型模拟的结果在空间位置上一一对应，进行模拟值的精度检验（图6-2），模拟值与实测值基本吻合（$P<0.01$）。

第三，土壤碳储量。扎龙湿地的土壤碳储存量可以通过以下公式计算得到：

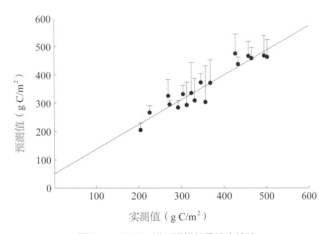

图6-2　CASA 模型模拟结果精度检验

$$M=\sum A_i \times C_i \tag{6-46}$$

式中，M——扎龙湿地土壤碳储量（t）；

　　　A——研究区不同景观类型的面积（km²）；

　　　C——各景观类型的土壤碳密度（t/km²）；

　　　i——景观类型的数量。

沼泽和草甸的土壤碳密度分别为 46759 t/km² 和 15602 t/km²（赵传冬等，2011）。

价值量评估：

第一，植物固碳价值。计算公式如下：

$$V_1=W_1 \times P \tag{6-47}$$

式中，V_1——植物固碳价值（元/a）；

W_1——植物固碳量（t）；

P——单位固碳的价格（元/t）。

采用可避免成本法计算湿地的固碳价值，C 的价格为 277.7 元/t。

第二，土壤碳储存总价值。计算公式如下：

$$V_2 = W_2 \times P \tag{6-48}$$

式中，V_2——土壤碳储存价值（元）；

W_2——土壤碳储存总量（t）；

P——单位固碳的价格（元/t）。

每年的土壤碳储存价值采用年金现值法计算得到，计算公式如下：

$$V_a = V_2 \times \{i \times (1+i)^t / [(1+i)^t - 1]\} \tag{6-49}$$

式中，V_2——土壤碳储存价值（元）；

V_a——土壤碳储存价值的年金现值（元/a），即每年的价值；

i——社会贴现率（%）；

t——年限（a）。

这里折现率取 3.5%，年限为 100a（Wilson，2012）。

（5）大气调节。扎龙湿地的大气调节价值包括植物光合作用释放的氧气和土壤呼吸释放的 CH_4，其中释氧是正效益，CH_4 排放是负效益。

①氧气释放。根据植物光合作用方程式，植物每生产 1g 干物质释放 1.2g O_2，扎龙湿地的氧气释放价值可以通过市场价值法计算：

$$V_o = 1.2 \times W \times P_o \tag{6-50}$$

式中，V_o——氧气释放价值（元/a）；

W——若尔盖湿地的植物生物量（t）；

P_o——氧气的价格（元/t）。

扎龙湿地的干物质量通过 NPP 换算得到，1g 干物质转化为 1gC NPP 时乘以 0.475 的系数（朱文泉等，2007），氧气价格取 1000 元/t。

② CH_4 排放。扎龙湿地沼泽景观类型是 CH_4 的主要排放源，CH_4 排放的价值可以通过可避免成本法计算：

$$V_{gh} = 24.5 \times M_{CH_4} \times A \times P \tag{6-51}$$

式中，V_{gh}——温室气体排放价值（元/a）；

  M_{CH_4}——沼泽湿地 CH_4 的排放量（kg/hm²）；

  A——沼泽湿地的面积（hm²）；

  P——碳的价格（元/kg）。

扎龙沼泽湿地的平均排放量为 314.9 kg/hm²（黄璞祎，2010），在计算 CH_4 排放价值时，本研究以增温潜势（GWP）将相同质量的 CH_4 换算为等温室效应的 CO_2，1 kg 的 CH_4 产生的温室效应等同于 24.5 kg 的 CO_2 产生的温室效应（Jenkins et al.，2010）。

（6）土壤保持服务。湿地生态系统的土壤保持服务包括减少土地废弃价值、保持土壤养分价值和减少泥沙淤积价值，其中减少土地废弃价值与减少泥沙淤积价值存在着重复计算（李东海，2008），本研究保留减少土地废弃和减少泥沙淤积价值最大的一个。

①物质量评价。运用通用水土流失方程（USLE）估算扎龙湿地的土壤保持量。计算公式如下：

$$A_r = R \times K \times Ls \ (1-C \times P) \tag{6-52}$$

式中，A_r——单位面积土壤保持量 [（t/hm²·a）]；

  R——降雨侵蚀力因子 [MJ·mm／（hm²·h·a）]；

  K——土壤可蚀性因子 [t·hm²·h／（hm²·MJ·mm）]；

  C——植被经营与管理因子；

  P——作物经营管理因子；

  Ls——地形坡长坡度乘积因子。

以上各参数的计算公式详见公式（6-15）（6-16）（6-17）。

②价值量评价。运用市场价值法和机会成本法分别对保持土壤养分、减少废弃土地价值进行评价，以计算扎龙湿地自然保护区的土壤保持价值。

保持土壤养分价值计算公式如下：

$$V_1 = \sum A_c \times C_i \times P_i \tag{6-53}$$

式中，V_1——保持土壤养分的单位价值（元/a）；

  A_c——土壤保持量（t/a）；

  C_i——土壤氮、磷、钾的纯含量（g/kg）；

  P_i——化肥（尿素、磷酸氢二铵和氯化钾）价格（元/t）。

扎龙湿地沼泽土壤的 N、P、K 含量分别为 0.9 g/kg、0.3 g/kg 和 2.2 g/kg，草

甸土壤的 N、P、K 含量分别为 1.05 g/kg、0.27 g/kg 和 1.81 g/kg，化肥的价格为 3829 元 /t。

减少废弃土地的单位价值计算公式如下：

$$V_2 = A_c \times B / (1000 \times d \times \rho) \tag{6-54}$$

式中，V_2—— 减少废弃土地的经济效益（元 /a）；

A_c—— 土壤保持量（t/a）；

B—— 农业年均收益（元 /hm^2）；

ρ—— 土壤容重（t/m^3）；

d—— 土壤厚度（m）。

扎龙湿地沼泽土壤容重为 0.77 g/cm^3，草甸的土壤容重为 0.82 g/cm^3，土壤厚度取 0.5 m，根据《2012 年中国统计年鉴》，2011 年黑龙江农业年均收益为 14741.2 元 /hm^2。

第三，减少泥沙淤积价值。按照我国泥沙运动规律，每年全国土壤侵蚀流失的泥沙有 24% 的淤积在水库、江河和湖泊中，造成蓄水量的减少，因而用水库清淤费用计算减轻泥沙淤积的价值。计算公式如下：

$$V_n = A_c \times 0.24 \times P_a / \rho \tag{6-55}$$

式中，V_n—— 减轻泥沙淤积的价值（元 /a）；

P_a—— 水库清淤工程费用，这里取 6.94 元 /m^3（何浩等，2012）；

A_c—— 土壤保持量（kg）；

P—— 土壤容重（kg/m^3）。

（7）休闲娱乐。扎龙湿地风景秀美，每年有大量的游客来保护区旅游。采用旅行费用区间法（TCM）来计算扎龙湿地的休闲娱乐价值，包括旅行费用支出、旅行时间价值和消费者剩余三部分。游客旅行费用通过公式得出，然后将旅行费用进行分区（表 6-10），根据公式计算得出游客的消费者剩余，扎龙湿地的旅游价值为游客旅行费用和消费者剩余之和。

$$C = W + V_t = W + 0.33 \times D \times Y / 30 \tag{6-56}$$

$$SC_i = \int_{C_i}^{\infty} Q(C) \, \mathrm{d}C \tag{6-57}$$

式中，C—— 游客的实际旅行总费用（元 /a）；

W—— 旅行费用支出，包括门票、住宿、车费、组团费用和购物等（元 /a）；

V_t—— 旅行时间价值（元 /a）；

D——游客旅游的时间（d）；

Y——游客的月工资（元／月）；

SC_i——消费者剩余（元）；

$Q（C）$——游客的旅游意愿需求曲线。

由于去扎龙保护区游玩的游客基本上是去参观扎龙的湿地景观以及鹤类等珍稀动

表6-10　扎龙湿地自然保护区游客样本旅行费用分区结果

$[C_i，C_{i+1}]$（元）	N_i	M_i	P_i（%）	Q_i
0~50	2	208	100	1
50~100	27	206	99.04	0.9904
100~150	17	179	86.06	0.8606
150~200	11	162	77.88	0.7788
200~300	18	151	72.6	0.726
300~400	7	133	63.94	
400~500	6	126	60.58	0.6058
500~1000	29	120	57.69	0.5769
1000~1500	23	91	43.75	0.4375
1500~2000	18	68	32.69	0.3269
2000~2500	10	50	24.04	0.2404
2500~3000	9	40	19.23	0.1923
3000~4000	13	31	14.9	0.149
4000~5000	7	18	8.65	0.0865
5000~6000	5	11	5.29	0.0529
>6000	6	6	2.88	0.0288

注：$[C_i，C_{i+1}]$ 为旅行费用的划分区间；N_i 为区间 $[C_i，C_{i+1}]$ 内的游客人数；M_i 为旅行费用为 $[C_i，C_{i+1}]$ 时样本游客的旅游需求量；P_i 为旅行费用为 $[C_i，C_{i+1}]$ 时游客的出游的概率（以百分比表示）；Q_i 为旅行费用为 $[C_i，C_{i+1}]$ 时单个游客的需求量。

物，因此本研究认为该价值是由湿地提供的，与耕地等其他类型无关。根据扎龙保护区的统计资料，2011 年来扎龙旅游的游客为 15 万人。

（8）科研教育。扎龙湿地的科研教育包括相关的基础科学研究、教学实习、文化宣传等价值，根据实际调查，本研究只计算扎龙湿地的科研费用价值，通过每年发表论文的总投入成本来计算：

$$V_k = M \times P_k \tag{6-58}$$

式中，V_k——科研教育价值（元 /a）；

$\quad$ M——论文数量（篇）；

$\quad$ P_k——每篇论文的投入成本（元 / 篇）。

通过在中国知网上以"扎龙湿地"为搜索词搜索，2011 年共发表的文章有 60 篇，在 Sciencedirect 上以"zhalong wetland"为搜索词搜索，2011 共有 7 篇文章，每篇论文的投入为 11.92 万元。

（9）水质净化价值。进入扎龙湿地的污水主要包括 2 部分：一是上游各城镇的工业废水和城镇废水；二是扎龙湿地内农业废水，湿地水质净化价值采用替代成本法来计算：

$$V_c = aN \times (C_{Nn} \times Q_{in} - C_{Nout} \times Q_{out}) + aP \times (C_{Pin} \times Q_{in} - C_{Pout} \times Q_{out}) + ab \times Q \tag{6-59}$$

式中，V_c——水质净化价值（元 /a）；

$\quad$ C_{Nin}、C_{Pin}——进入湿地的氮、磷浓度（mg/L）；

$\quad$ C_{Nout}、C_{Pout}——流出湿地的氮、磷浓度（mg/L）；

$\quad$ Q_{in}、Q_{out}——进入湿地和流出湿地水量（L/a）；

$\quad$ aN、aP、ab——氮、磷、化肥的净化成本系数；

$\quad$ Q——区内化肥用量（t/a）。

进入扎龙湿地的河流包括乌裕尔河和双阳河两条河流，乌裕尔河进入湿地多年平均来水量为 $298 \times 10^6 \, m^3$，双阳河多年平均来水量为 $134 \times 10^6 \, m^3$，两条河流的泄水量总共为 $133.1 \times 10^6 \, m^3$（刘大庆和许士国，2006）。

扎龙湿地的乌裕尔河上游（龙安桥）和双阳河上游（双阳河入口）入水处的总氮浓度总体上高于下游（特勒、哈塔桥）的总氮浓度（图 6-3），中间区域的总氮浓度根据空间的变化呈不规则变动，甚至比上游的浓度高。总磷的浓度总体上上游入水处的浓度高于下游出水处的浓度，中间的总磷浓度也呈现不规则变动，但是都低于入水处的浓度。总体上来说，扎龙湿地仍具有直接的水质净化效益。实验得到乌裕尔河上游的氮、磷浓度分别为0.154 mg/L和0.079 mg/L，双阳河上游的氮、磷浓度分别为0.155 mg/L和0.136 mg/L，下游的氮、磷浓度分别为0.134 mg/L和0.029 mg/L。区内每年化肥施用量为10200 t/a（吕玉哲，2007），人工施肥的氮磷吸收率仅为30%，剩下的70%通过淋溶进入湿地（王伟和陆健健，2005）。氮、磷的处理成本分别取氮1.5元/kg，磷2.5元/kg（张修峰等，2007），化肥的净化成本取净化氮和磷的总成本4元/kg。

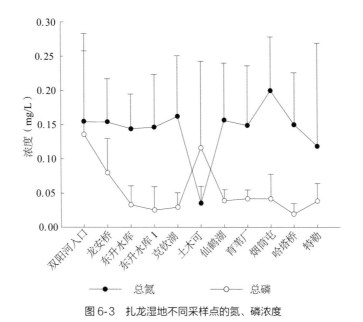

图6-3 扎龙湿地不同采样点的氮、磷浓度

为了探讨水质净化价值和营养循环价值的重复计算，需要明确扎龙湿地植物和土壤对污水中氮、磷净化的贡献率。本研究假设扎龙湿地对氮、磷的起净化作用的只包含植物和土壤。研究表明，芦苇沼泽中芦苇对吸收氮、磷的贡献率波动较大，对氮的吸收贡献率从31.98%（李胜男等，2012）到61.7%（刘树元等，2011），平均为46.8%，对磷的贡献率从3.17%（李胜男等，2012）到12.9%（刘树元等，2011），平均为8.0%。则土壤对氮、磷净化的贡献率分别为53.2%和92%。采用土壤养分库持留法评估营养循环价值时，则与水质净化重复计算的部分：

$$V_z = 0.532 \times R_n \times aN + 0.92 \times R_p \times aP + 0.726 \times R_h \times ab \qquad (6-60)$$

式中，V_z——土壤的净化价值（元 /a），

R_n——扎龙湿地净化氮总量（t），

R_p——净化磷总量（t），

R_h——净化化肥总量（t），

aN、aP、ab——氮、磷、化肥的净化成本系数（元 /t）。

土壤对化肥的净化的贡献率取对氮、磷贡献率的平均值。

（10）授粉。扎龙湿地的授粉服务主要体现在两个方面：一是维持湿地内动植物的生存或繁殖，其价值体现在生物多样性维持服务中；二是对湿地周边农地的农作物生产提供授粉服务，从而为人类效益产生直接贡献，属于最终服务，这一价值可以通过生产函数法来计算：

$$V_r = CL \times MJ \times P_n \times \beta \qquad (6-61)$$

式中，V_p——授粉服务价值（元 /a）；

MJ——扎龙自然保护区内耕地的面积（hm^2）；

CL——农作物的产量（kg/hm^2）；

P_n——农作物的价格（元 /kg）；

β——昆虫授粉对农作物产量的贡献。

扎龙湿地内的农作物主要为大豆、玉米、小麦等粮食作物，由于缺少当地的实际数据，农作物的产量和价格采用 2011 年黑龙江省粮食的平均产量和价格，分别为 4843 kg/hm^2 和 2.8 元 /kg，数据来源于《2012 年黑龙江省统计年鉴》，昆虫类授粉对农作物产量的贡献为 30%（Klein et al.，2007）。

（11）供水。扎龙湿地的水资源大部分用于维持湿地内沼泽面积及芦苇的生长，仅有小部分用于区内的农业生产和生活用水。近年来扎龙湿地持续萎缩，甚至需要从外界对湿地进行补水，因此扎龙湿地的供水价值已经消失。

2. 中间服务价值评价

（1）净初级生产力。植物净初级生产力（NPP）是反映有机物质生产功能的重要指标，表示生态系统某一时期所固定的碳。NPP 的价值可用影子价格法计算，生态系统所固定的碳可以转化为相等能量的标煤重量，因此可由标煤价格间接估算净初级生

产力的价值（韩德梁，2010）。

$$V_n=NPP\times P_c\times 1.2 \qquad (6-62)$$

式中，V_n——净初级生产力价值（元 /a），

　　　NPP——净初级生产力（t），

　　　P_c——标煤价格，2011 年标煤的价格约为 1050 元 /t。

（2）补充地下水。扎龙湿地地下水补给量包括降水入渗补给量、河水入渗补给量、渠系渗漏补给量、灌溉水回渗补给量和地下侧向径流补给量。湿地的补充地下水服务可以通过影子价格法来计算：

$$V_d=ad\times A\times P_d \qquad (6-63)$$

式中，V_d——补充地下水价值（元 /a）；

　　　ad——地下水补给模数 [m³/（km²·a）]；

　　　A——为扎龙湿地的面积（km²）；

　　　P_d——为居民用水价格（元 /m³）。

扎龙湿地每年的地下水补给模数为 4.94×10^4[m³/（km²·a）]（秦紫东，2007），2011 年齐齐哈尔市居民用水水价 2.20 元 /m³。

（3）涵养水源。扎龙湿地的涵养水源量可以通过不同湿地类型的蓄水量计算得到，其涵养水源价值可通过替代成本法计算：

$$V_w=\sum_{i=1}^{n} A_i\times D_i\times P_r \qquad (6-64)$$

式中，V_w——涵养水源价值（元 /a）；

　　　D——蓄水深度（m）；

　　　A——湿地面积（m²）；

　　　i——景观类型（沼泽和水域）；

　　　P_r——水库造价成本（元 /m³）。

扎龙湿地沼泽和河流湖泊的多年平均蓄水深度分别为 0.35 m 和 1.1 m（吴平和付强，2008）。

（4）生物多样性维持。扎龙湿地自然保护区生物多样性丰富，是丹顶鹤等众多鸟类的栖息地。本研究采用支付意愿法（CVM）来计算扎龙湿地的生物多样性维持服务价值：

$$T_{WTP}=MWTP\times R_{WTP}\times N \qquad (6-65)$$

式中，T_{WTP}——扎龙湿地生物多样性维持服务的总价值（元/a）；

$MWTP$——人均支付意愿值（元/h）；

R_{WTP}——正支付比率（%）；

N——实际愿意支付人口总数（人），本书采用中国城镇就业人口总数。

正支付意愿比例见表6-11，人均支付意愿值通过累积频度中位数得到（王凤珍等，2010），根据《2012年中国统计年鉴》，2011年中国城镇就业人口总数为3.59亿。扎龙保护区的非湿地类型为耕地、居民地和盐碱地等景观类型，面积仅为整个保护区的23%，生物多样性维持价值极低，本研究认为扎龙湿地的生物多样性维持价值等同于扎龙自然保护区的生物多样性维持价值。

表6-11 扎龙湿地受访者的支付意愿值的频度分布

WTP（元/月）	绝对频数	绝对频度（%）	相对频度（%）	累计频度（%）
1~5	60	14.49	18.87	18.87
5~10	77	18.6	24.21	43.08
10~15	39	9.42	12.26	55.34
15~20	37	8.94	11.64	66.98
20~25	19	4.59	5.98	72.96
25~30	15	3.62	4.72	77.68
30~35	14	3.38	4.4	82.08
35~40	4	0.97	1.26	83.34
40~45	5	1.21	1.57	84.91
45~50	27	6.52	8.49	93.4
>50	21	5.07	6.6	100.00
拒支付	96	23.19	100.00	
合计	414	100.00		

通过对调查问卷的统计分析，扎龙湿地有效问卷中正支付比例为76.8%，不愿意支付比例为23.2%（表6-11）。在愿意支付的人群中，因选择价值而支付的比例为24%，因遗赠价值而支付的比例为38%，因存在价值而支付的比例为38%。

（5）营养循环。营养循环物质量的计算方法主要有生物库养分持留法和土壤库养分持留法（李文华，2008）。生物库养分持留法认为构成草地净初级生产力的营养元素量即为参与循环的养分量，用净初级生产力和其中的氮、磷、钾含量的比例来计算。土壤库养分持留法是指将土壤表层的养分含量看成是参与营养循环的养分量，主要是根据土壤表层的氮、磷、钾含量来计算。可以看出，采用生物库养分持留法计算的营养循环的价值已经包含在净初级生产力价值中，因此，在最终服务的计算中采用土壤库养分持留法来计算扎龙湿地的营养循环量，营养循环价值可采用影子价格法得到：

$$V_{nt}=A \times \rho \times d \times R \times P \qquad (6-66)$$

式中，V_{nt}——扎龙湿地营养循环的价值（元/a）；

　　　A——沼泽的面积（m^2）；

　　　ρ——土壤容重（kg/m^3）；

　　　d——土壤表层厚度（m）；

　　　R——沼泽土壤表层中营养物质的含量（氮、磷、钾）（%）；

　　　P——为化肥的价格（元/kg）。

为了探讨生物库养分持留法计算得到营养循环价值与净初级生产力重复计算的价值，本研究也对生物库养分持留法计算得到的营养循环价值进行评价，公式如下：

$$V_r=NPP \times R \times P_r \qquad (6-67)$$

式中，V_r——营养循环价值（元/a）；

　　　NPP——净初级生产力（kg）；

　　　R——营养物质（氮、磷）比例；

　　　P_r——化肥的价格（元/kg），沼泽植被营养物质（氮、磷）含量取2.2%

　　　　　（赵同谦等，2004）。

三、评价结果

2011 年扎龙湿地生态系统最终服务价值为 679.39 亿元（表 6-12），即 2011 年扎龙湿地生态系统服务的总价值为 679.39 亿元。气候调节价值为 420.0 亿元，占总价值的61.8%，其后依次是调蓄洪水价值（226.0 亿元，33.3%）、大气调节价值（17.35 亿元，2.6%）、固碳价值（8.6 亿元，1.3%）、休闲娱乐价值（3.86 亿元，0.6%）、授粉服务价值（1.74 亿元，0.3%）、物质生产（1.43 亿元，0.2%）、水质净化价值（0.3 亿元，0.04%）、科研教育价值（0.08 亿元，0.01%），最小的为土壤保持服务价值，仅为 300 多万元。扎龙湿地作为嫩江下游重要的蓄洪区和泥碳储存地，在气候调节、调蓄洪水等生态效益方面的价值巨大，显著大于它所来的经济效益。近年来，扎龙湿地内建了一系列大型工程，对湿地的完整性造成了极大的破坏，影响了湿地的生态效益。因此，在未来的政策和管理制定实施过程中，应当加大湿地的保护和恢复力度，杜绝对湿地的不合理利用。

表 6-12 2011 年扎龙湿地生态系统服务价值

| 服务 | 最终服务 | | 服务 | 中间服务 | |
	价值（亿元）	比例（%）		价值（亿元）	比例（%）
物质生产	1.43	0.21	净初级生产力	9.05	1.92
调蓄洪水	226.00	33.3	补充地下水	1.90	0.40
气候调节	420.00	61.8	涵养水源	39.30	8.33
固碳	8.60	1.27	生物多样性维持	340.82	72.30
大气调节	17.35	2.55	营养循环	80.40	17.10
土壤保持	0.03	0.004	总计	471.47	
休闲娱乐	3.86	0.57			
科研教育	0.08	0.01			
水质净化	0.30	0.04			
授粉	1.74	0.26			
总计	679.39				

2011 年扎龙湿地的中间服务价值为 471.47 亿元，此值即通过分类避免重复计算的价值。其中生物多样性维持服务价值为 340.8 元，占中间服务总价值的 72.3%；营养循环价值为 80.4 亿元，占中间服务总价值的 17.1%；涵养水源价值为 39.3 亿元，占中间服务总价值的 8.3%；净初级生产力价值为 9.05 亿元，占中间服务总价值的 1.9%；补充地下水价值为 1.9 亿元，占中间服务总价值的 0.4%。

扎龙湿地的中间服务价值通过最终服务来体现（图 6-4），不同的中间服务通过不同的最终服务来为人类效益做出贡献。净初级生产力价值主要通过物质生产、大气调节、固碳等服务来体现，涵养水源的价值主要通过调蓄洪水、气候调节、休闲娱乐等服务来体现，补充地下水价值主要通过调蓄洪水、科研教育等服务来体现，营养循环价值主要通过水质净化、固碳、科研教育等服务来体现，生物多样性维持价值主要通过物质生产、授粉、休闲娱乐等服务来体现。2011 年扎龙湿地的中间服务价值小于最终服务价值，说明中间服务的价值可能有极大一部分为人类效益做出贡献。

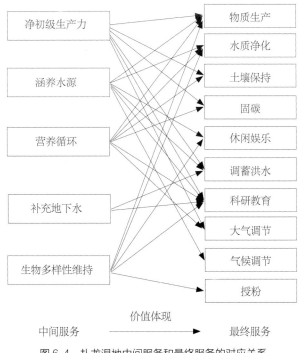

图 6-4 扎龙湿地中间服务和最终服务的对应关系

第三节　博斯腾湖湿地

一、研究区概况

　　博斯腾湖地处我国西北干旱区，位于新疆巴音郭楞蒙古族自治州博湖县境内，是我国最大的内陆淡水湖，面积约 1000 km²，降水稀少，蒸发强烈。博斯腾湖分为大湖区和小湖区，大湖区是湖体的主体部分，在大湖区西南部还有一连串的浅泊，芦苇丛生，习惯上称作小湖区。流入博斯腾湖的河流有开都河、黄水沟、清水河，但常年性入湖河流只有开都河。开都河是焉耆盆地中最大的河流，主要依靠山区冰雪融水和降水补给，多年平均径流量为 3.532×10^9 m³（1956~2012 年），占进入盆地总径流量的 80% 以上，是博斯腾湖的主要补给水源。开都河在宝浪苏木分水闸，又分为东西两支，东支注入博斯腾湖大湖区，西支注入博斯腾湖小湖区。博斯腾湖大湖水通过西泵站扬水输入孔雀河（1983 年以后），小湖水通过达吾提闸流入孔雀河。

二、研究方法

（一）服务价值评价指标体系

　　在文献综述的基础上，依据①确定研究区生态系统组成；②确定生态系统服务利益相关者；③列举与人类福祉关联的生态系统属性并归类；④根据利益相关者对生态系统服务的实际需求和利用，确定生态系统最终服务类型；⑤通过利益相关者偏好分析等 5 个基本过程，结合博斯腾湖湿地生态特征、所在区域社会经济特征及数据可获得性确定其生态系统服务最终服务评价指标体系（表 6-13）。评估数据主要来自于文献资料（夏军等，2003；陈亚宁等，2013），《巴音郭楞统计年鉴》、塔里木河流域管理局及博斯腾湖金沙滩景区游客面访式调查。

表 6-13　博斯腾湖生态系统服务价值评估指标体系

服务价值类型	核算指标	指标因子	评价方法
供给服务	淡水产品	鱼、虾、蟹等水产品	市场价值法
	原材料生产	经济植物（芦苇生产量）	
	水资源供给	博斯腾湖出湖水量	
		博斯腾湖地下水补给量	
调节服务	调蓄洪水	湿地调蓄洪水量	替代工程法
	水质净化	湖体净纳污量	
	气候调节	降低温度	
	固碳量	植物生物量含碳量	造林成本法
文化服务	休闲娱乐	旅游费用支出、旅行时间价值、消费者剩余	旅行费用法
	生物多样性与景观资源保护（非使用价值）	自己或别人将来有机会利用	条件价值法
		作为一份遗产留给子孙后代	
		确保景观资源永远存在	

（二）服务价值评价方法

1. 市场价值法

湿地生态系统提供的产品如淡水产品、原材料、淡水资源等，可以在市场上进行交易。市场价值法是评估具有市场价格的产品和服务的主要方法，本研究主要采用市场价值法评估供给服务价值，包括淡水产品、原材料生产、水资源供给。

（1）淡水产品（鱼、虾、蟹等水产品）。公式如下：

$$V_{p1} = Q_{p1} \times P_{p1} \tag{6-68}$$

式中，V_{p1}——淡水产品生产价值（元/a）；

Q_{p1}——淡水产品产量（kg）；

P_{p1}——单位淡水产品产量产值（kg/元）。

（2）原材料生产。公式如下：

$$V_{p2} = \sum_{i=1}^{2} Q_{pi} \times P_{pi} \tag{6-69}$$

式中，V_{p2}——原材料生产价值（元/a）；

Q_{p2}——原材料 i 生产量（kg）；

P_{p2}——原材料 i 单价（元/kg）。

（3）水资源供给。公式如下：

$$V_{p4} = \sum_{i=1}^{n} (Q_{p4-i} \times P_{p4-i}) \tag{6-70}$$

式中，V_{p4}——水资源供给价值；

Q_{p4-1}——入湖径流量（m³）；

Q_{p4-2}——降水量（m³）；

Q_{p4-3}——出湖径流量（m³）；

Q_{p4-4}——蒸发量（m³）；

Q_{p4-5}——蓄水量变化（m³）；

P_{p4}——单位平均水价（元/m³）。

2. 替代成本法

替代成本法是在湿地遭受破坏后，人工建造一个系统代替原有湿地，并以新系统建造成本估算湿地生态系统服务价值。本研究用替代成本法评估调节服务价值，主要包括调蓄洪水服务、水质净化服务、气候调节服务、固碳服务。影子工程法和造林成本法都属于替代成本法。

（1）调蓄洪水。公式如下：

$$V_{r1}=\left(Q_{r1-1}-Q_{r1-2}\right)\times P_{r1} \tag{6-71}$$

式中，V_{r1}——调洪蓄水价值（元/a）；

$\quad\quad Q_{r1-1}$——水位连续增加时段内最高水位对应的蓄水量（t）；

$\quad\quad Q_{r1-2}$——水位连续增加时段内最低水位对应的蓄水量（t）；

$\quad\quad P_{r1}$——水库造价成本（元/t）。

（2）水质净化。公式如下：

$$V_{r2}=Q_{r2-N}\times P_{r2-N}+Q_{r2-P}\times P_{r2-P} \tag{6-72}$$

式中，V_{r2}——水质净化价值（元/a）；

$\quad\quad Q_{r2-N}$——净总氮入湖量（入湖－出湖）（kg）；

$\quad\quad Q_{r2-P}$——净总磷入湖量（入湖－出湖）（kg）；

$\quad\quad P_{r2-N}$——总氮处理成本（元/kg）；

$\quad\quad P_{r2-P}$——总磷处理成本（元/kg）。

（3）气候调节。公式如下：

$$V_{r3}=Q_{r3-c}\times E\times P_{r3} \tag{6-73}$$

式中，V_{r3}——气候调节的价值（元/a）；

$\quad\quad Q_{r3-c}$——单位体积水转化为蒸汽耗电量〔(kW·h)/m³〕；

$\quad\quad E$——水面蒸发量（m³）；

$\quad\quad P_{r3}$——电价〔元/(kg)〕。

（4）固碳。公式如下：

$$V_{r4}=Q_{r4}\times P_{r4} \tag{6-74}$$

式中，V_{r4}——固碳价值（元/a）；

$\quad\quad Q_{r4}$——生物固碳量（t）；

$\quad\quad P_{r4}$——造林成本价格（元/t）。

3. 旅行费用法

旅行费用法是以消费者的需求函数为基础评价休闲娱乐服务。旅行费用法包括：区域旅行费用模型、个体旅行费用模型、随机效用模型。本研究采用个体旅行费用模型评估湿地的休闲娱乐价值。考虑到游客旅行次数（以年为单位）为计数变量，为非负整数（方差较小、不满足最小二乘法基本假设），有可能存在过度分布和零截断问题（不满足泊松回归平均值与方差相等的假设）。本研究在应用个体旅行费用评估方法时，主要采用计数模型，同时包括泊松回归模型、过度分布泊松回归模型、负二项式回归模型、零截断泊松回归模型（Shrestha et al.，2002；Ver Hoef and Boveng，2007；Coex et al.，2009）。

休闲娱乐价值计算公式如下：

$$V_{c1}=TE+TV+CS \tag{6-75}$$

式中，V_{c1}——休闲娱乐价值（元/a）；

TE——旅行费用支出（元）；

TV——时间成本（元）；

CS——消费者剩余（元）。

4. 条件价值法

条件价值法是意愿调查法的一种。条件价值法主要用于评估利益相关者为了获得环境资源或保护环境资源免受破坏的支付意愿。条件价值法适用于对缺乏直接和间接市场的生态系统服务进行评价，但条件价值法容易受被调查人的支付能力、主观偏好等因素的影响。本研究采用条件价值法评价生物多样性和景观资源保护非使用价值，包括选择价值（自己或别人将来利用）、遗产价值（作为一份遗产留给子孙后代）、存在价值（确保永远存在）。

生物多样性与景观资源保护价值计算公式如下：

$$V_{c2}=W \times R \times P \tag{6-76}$$

式中，V_{c2}——生物多样性与景观资源保护价值（元/a）；

W——人均支付意愿（元/人）；

R——支付意愿率（%）；

P——支付群体数（人）。

三、评价结果

（一）供给服务价值

1. 淡水产品价值

2011 年博斯腾湖淡水产品产量 9052 t，淡水产品产值 8545×10^4 元，单位淡水产品产量产值为 9440 元 /t，考虑到 2012 年和 2011 年社会经济和淡水产品产量变化幅度不大，取 9440 元 /t 估算博斯腾湖 2012 年淡水产品产值为 0.86×10^8 元。

2. 原材料生产价值

2012 年，博斯腾湖芦苇约 4×10^4 hm²，芦苇总产量 17×10^4 t，芦苇单价 676.8 元 /t（蔡茂良，2012）。以芦苇产品估算原材料生产价值，得到 2012 年博斯腾湖原材料生产价值为 1.15×10^8 元 /a。

3. 水资源供给价值

2012 年博斯腾湖出湖水量为 12.70×10^8 m³。此外，博斯腾湖与周边地下水也有一定的转化关系。博斯腾湖地下水补给量比较稳定，且所占比例不大，因此可以取多年平均值计算。1955~1995 年地下水补给博斯腾湖量平均值为 0.53×10^8 m³/a，博斯腾湖补给地下水量多年平均值为 0.58×10^8 m³/a（兰文辉等，2003），则博斯腾湖净补给地下水量为 0.05×10^8 m³/a。计算得到博斯腾湖 2012 年水资源供给量为 12.75×10^8 m³。博斯腾湖流域农业用水、生活用水、工业及建筑业用水占地表总用水量比例分别为 98.52%，0.1%，1.38%（陈亚宁等，2013），以此估算各行业用水量。农业地表水用水水价为 0.002 元 /m³，工业用水水价为 1.38 元 /m³，生活用水水价为 1.28 元 /m³（中国城镇供水排水协会，2010），地下水用水水价 0.01 元 /m³，估算得到 2012 年博斯腾湖水资源供给价值为 0.29×10^8 元。

（二）调节服务价值

1. 调蓄洪水价值

根据夏军等（2003）对博斯腾湖特征水位和特征库容的研究，博斯腾湖正常蓄水位为 1047.5 m，非常洪水位为 1048.3 m，对应调洪库容为 $9.27 \times 10^8 \text{ m}^3$。将博斯腾湖 2012 年月平均水位与正常蓄水位和非常洪水位进行比较发现，博斯腾湖 2012 年最高月平均水位为 1045.64 m，远远低于正常蓄水位，因此可以认为博斯腾湖在 2012 年并没有提供洪水调蓄服务，其价值为 0 元。

2. 水质净化价值

本研究以博斯腾湖减少污水处理成本作为博斯腾湖水质净化价值，根据监测结果，博斯腾湖净总氮入湖量为 $0.58 \times 10^4 \text{ t/a}$（入湖 − 出湖），净总磷入湖量为 451 t/a（入湖 − 出湖）（李金诚，2004），总氮净化单价为 1.5 元 /kg，总磷为 2.5 元 /kg（张修峰等，2007），则博斯腾湖 2012 年水质净化总价值为 0.10×10^8 元。

3. 气候调节价值

本研究主要计算博斯腾湖蒸发吸收热量降低温度的价值。博斯腾湖多年平均年总蒸发量为 $13.52 \times 10^8 \text{ m}^3$（包含大湖、小湖水面蒸发量，芦苇沼泽蒸散量），其中 6~9 月总蒸发量为 $7.61 \times 10^8 \text{ m}^3$（夏军等，2003）。电价取库尔勒农村居民生活照明电价 0.56 元 /（kW·h），其他参数参考江波等（2011）的研究，降温价值按 6~9 月总蒸发量计算。评估得到 2012 年博斯腾湖气候调节价值为 891.78×10^8 元。

4. 固碳价值

博斯腾湖 2012 年芦苇产量为 $17 \times 10^4 \text{ t}$，以此数据估算博斯腾湖固碳价值。根据光合作用方程，植物每生产 1 kg 干物质，能固定 1.63 kg CO_2，并向空气中释放 1.2 kg O_2。计算得到博斯腾湖固碳量为 $7.56 \times 10^4 \text{ t/a}$，$CO_2$ 造林成本为 1320 元 /t 碳（李文华，2008），则 2012 年博斯腾湖固碳价值为 1.00×10^8 元。

（三）文化服务价值

1. 休闲娱乐价值

为研究博斯腾湖休闲娱乐价值，于 2013 年 7 月在博斯腾湖金沙滩景区对游客进行拦截式面访调查，发放问卷 172 份。由于部分问卷关键信息回答不清楚或不完全，最后用于计算休闲娱乐价值的有效问卷分别为 130 份（考虑多目的地游客）和 113 份（不考虑多目的地游客）。

从调查可以，被访者的年平均旅游次数分别为 2.13~2.19 次，平均年龄为 34.12~34.23 岁，而且有 61% 以上的被访者学历达到大专和本科以上水平，被访者对生物多样性保护有非常高的关心程度（2.67）。休闲娱乐价值包括人均旅行费用支出、时间成本和消费者剩余式。

博斯腾湖 2012 年旅游人次达 100×10^4 人次，根据评估的人均旅行费用支出、人均时间成本、人均消费者剩余，结合计算公式得到博斯腾湖休闲娱乐价值为 $7.96 \times 10^8 \sim 8.43 \times 10^8$ 元，取其平均值则 2012 年博斯腾湖休闲娱乐价值为 8.20×10^8 元。

2. 生物多样性与景观资源保护价值

采用支付卡式条件价值法对博斯腾湖生物多样性与景观资源保护非使用价值进行评价，于 2013 年 7 月在博斯腾湖金沙滩景区对游客进行拦截式面访调查，发放问卷 172 份。由于部分问卷关键信息回答不清楚或不完全，回收有效问卷 162 份进行非使用价值评估（表 6-14）。

计算得到博斯腾湖湿地生物多样性和景观资源保护非使用价值为 0.42×10^8 元，其中选择价值 0.14×10^8 元，遗产价值 0.13×10^8 元，存在价值 0.15×10^8 元。

表 6-14　博斯腾湖支付意愿选择

	支付意愿选择	频数	有效样本数	比例（%）	归一化比例（%）
愿意支付的原因	选择价值	79	118（120）	65.83	33.47
	遗产价值	73	118（120）	60.83	30.93
	存在价值	84	118（120）	70.00	35.59
不愿意支付的原因	收入有限	16	42	38.10	30.19
	不关心生物多样性保护	0	42	0	0
	远离白洋淀湿地	5	42	11.90	9.43
	应由政府和旅游企业承担	23	42	54.76	
	支付费用不到保护上	34	42	21.43	16.98

注：括号内为被访者中有支付意愿的总人数。

（四）生态系统服务总价值

在结合博斯腾湖生态系统特征、区域社会经济特征及生态系统服务利益相关者的基础上，对博斯腾湖生态系统最终服务价值进行了评价。根据本研究的评价方法，博斯腾湖 2012 年湿地生态系统服务总价值为 903.80×10^8 元（表 6-15）。

表 6-15　博斯腾湖 2012 年生态系统服务价值

湿地生态系统 最终服务类型	物质量	价值量 （ × 10⁸ 元）	所占比例 （ % ）
淡水产品	9082 t	0.86	0.10
原材料生产	17×10^4 t（芦苇）	1.15	0.13
水资源供给	12.72×10^8 m^3	0.29	0.03
调蓄洪水	0 m^3	0	0
水质净化	0.58×10^4 t（TN） 451 t（TP）	0.10	0.01
气候调节	7.61×10^8 m^3（蒸发量）	891.78	98.67
固碳	7.56×10^4 t	1.00	0.11
休闲娱乐	100×10^4 人次	8.20	0.91
生物多样性和 景观资源保护		0.42	0.05
合计		903.80	100.00

第四节　草海湿地

一、研究区概况

草海湿地位于贵州省威宁县城西南方的贵州草海国家级自然保护区（26°47′32″~26°52′52″N、104°10′16″~104°20′40″E），包括中心湖区和湖边沼泽地带。草海是贵州最大的天然淡水湖泊，正常蓄水面积1980 hm²，平均水深1.35 m，最深处为2.80 m；湖边沼泽面积约700 hm²。草海气候为亚热带季风气候，年均气温10.6℃；年均降水量950.9 mm，降水年内分布不均，主要集中在夏季，干湿季节明显；相对湿度79%。草海湿地生态系统物种丰富、结构功能完整，是我国为数不多的亚热带高原岩溶湿地之一，也是黑颈鹤等珍稀禽类的重要栖息地，被誉为"世界十大最佳湖泊观鸟区"之一，同时，被中国生物多样性保护行动计划列为国家一级保护湿地，是云贵高原上一颗璀璨的明珠。近年来，由于人为及自然因素的影响，草海湿地遭到了破坏，生态系统开始退化，需要及时采取相关措施。

二、研究方法

（一）服务价值评价指标体系

基于联合国千年生态系统评估（Millennium Ecosystem Assessment，MA）、生态系统与生物多样性经济学（The Economics of Ecosystems and Biodiversity，TEEB）、Boyd、Banzhaf 和 Fisher 等对生态系统中间服务和最终服务进行区分，将草海湿地生态系统服务划分为供给服务、调节服务和文化服务，并结合草海湿地生态系统特征、受益者及可获数据，确定草海湿地生态系统服务价值评估指标体系（表6-16）。本研究各项数据源于《草海研究》《贵州草海湿地生态环境综合治理总体规划》《威宁彝族回族苗族自治县志》、2012 年实地问卷调查数据以及相关文献等。

表6-16　草海湿地生态系统服务价值评估指标体系

评估项目	评估指标	评估方法
供给服务	食物生产	市场价值法
	原材料生产	市场价值法
	水资源供给	市场价值法
调节服务	调蓄洪水	影子工程法
	补给地下水	影子工程法
	水质净化	替代成本法
	气候调节	替代成本法
	大气组分调节	碳税法、工业制氧法
文化服务	休闲娱乐	费用支出法
	生物多样性与景观资源保护	问卷调查法

（二）服务价值评价方法

1. 供给服务

湿地生态系统提供的产品如食品、原材料、淡水资源等，可以在市场上进行交易。市场价值法是评估具有市场价格的产品和服务的主要方法，本研究主要采用市场价值法评估供给服务价值，包括食品生产、原材料生产、水资源供给。

$$V_p = \sum_{i=1}^{n} V_{p_i} = \sum_{i=1}^{n} Q_{p_i} \times P_{p_i} \qquad (6-77)$$

式中，V_p——供给服务价值（元/a）；

V_{p_i}——第 i 种产品的价值（元）；

Q_{p_i}——第 i 种产品产量（kg）；

P_{p_i}——第 i 种产品市场价格（元/kg）。

2. 调节服务

替代成本法是在湿地遭受破坏后，人工建造一个系统代替原有湿地，并以新系统建造成本估算湿地生态系统服务价值。本研究用替代成本法评估调节服务价值，主要包括调蓄洪水服务、补充地下水服务、水质净化服务、气候调节服务、大气组分调节服务。影子工程法和造林成本法都属于替代成本法。

（1）调蓄洪水。公式如下：

$$V_{r1} = (Q_{r1-1} - Q_{r1-2}) \times P_{r1} \qquad (6-78)$$

式中，V_{r1}——调洪蓄水价值（元/a）；

Q_{r1-1}——水位连续增加时段内最高水位对应的蓄水量（t）；

Q_{r1-2}——水位连续增加时段内最低水位对应的蓄水量（t）。

P_{r1}——水库造价成本（元/t）

（2）补充地下水。运用影子工程法评估补给地下水价值，计算公式如下：

$$V_{r2} = (Q_{r2-1} - Q_{r2-2}) \times P_{r2} \qquad (6-79)$$

式中，V_{r2}——补给地下水服务价值（元/a）；

Q_{r2-1}——草海湿地地表水渗漏量（m³）；

Q_{r2-2}——草海湿地地下水出流量（m³）；

P_{r2}——当地单位库容建造成本（元/m³）。

（3）水质净化。公式如下：

$$V_{r3}=\sum_{i=1}^{m}Q_{r3-i}\times P_{r3-i}\times \tilde{n} \qquad (6-80)$$

式中，V_{r3}——水质净化服务价值（元）；

Q_{r3-i}——每年排入草海第 i 种污染物含量（kg）；

P_{r3-i}——第 i 种污染物的处理成本（元/kg）；

ρ——草海湿地污染物平均处理率（%）。

（4）气候调节。公式如下：

$$V_{r4}=(Q_{r4-1}\times S_{r4-1}+Q_{r4-2}\times S_{r4-2})\times P_{r4}\times 10 \qquad (6-81)$$

式中，V_{r4}——气候调节服务价值（元/a）；

Q_{r4-1}——草海湿地水面蒸发量（mm）；

S_{r4-1}——草海湿地水面面积（hm²）；

Q_{r4-2}——草海湿地植物蒸腾量（mm）；

S_{r4-2}——草海湿地植物面积（hm²）；

P_{r4}——湿地气候调节服务的单位价值（元/m³）。

（5）大气组分调节。公式如下：

$$V_{r5-1}=1.63\times 10^{-2}\times Q_{r5}\times S\times P_{r5-C} \qquad (6-82)$$

式中，V_{r5-1}——固碳价值（元/a）；

Q_{r5}——草海单位面积干物质量（g/m²）；

S——研究区面积（hm²）；

$P_{r_{5_C}}$——固碳价格（元/t）。

$$V_{r5-2}=1.20\times 10^{-2}\times Q_{r5}\times S\times P_{r5-O} \qquad (6-83)$$

式中，V_{r5-2}——释氧价值（元/a）；

P_{r5-O}——工业制氧价格（元/t）。

3. 文化服务

（1）休闲娱乐。公式如下：

$$V_{c1}=Q_{c1}\times M_{1} \qquad (6-84)$$

式中，V_{c1}——休闲娱乐价值（元/a）；

　　　Q_{c1}——人均旅行费用支出（元/人）；

　　　M_1——研究区年接待游客人次（人）。

（2）生物多样性与景观资源保护价值。公式如下：

$$V_{c2}=Q_{c2}\times M_2 \tag{6-85}$$

式中，V_{c2}——生物多样性与景观资源保护价值（元/a）；

　　　Q_{c2}——年支付意愿（Willingness to Pay，WTP）中位值（元/人）；

　　　M_2——被调查群体人口基数（人）。

三、评价结果

对草海自然保护区沼泽湿地的水源涵养、气候调节等9项生态系统服务的价值评估结果及其所占比例见表6-17。草海湿地生态系统服务总价值为4.39亿元，其中，供给服务价值为0.74亿元，调节服务价值为1.14亿元，文化服务价值为2.51亿元；所计算的10项服务按其价值大小排序：休闲娱乐＞生物多样性及景观资源保护＞水资源供给＞调蓄洪水＞气候调节＞补给地下水＞大气组分调节＞原材料生产＞水质净化＞食物生产；单位面积服务价值为16.40万元/hm²，是2010年贵州省威宁县单位面积GDP产值的16.91倍。从研究结果来看，草海湿地生态系统服务价值较大，为草海湿地的管理及保护提供了一定参考依据。

表6-17 草海湿地生态系统各项服务价值汇总表

评价指标	计算指标	功能量	价格	价值（×10⁴元）	百分比（%）
食物生产	鱼类产量	1.50×10^4 kg	10 元/kg	15.00	0.03
原材料生产	水草产量	1146.42×10^4 kg	0.5 元/kg	573.21	1.30
水资源供给	水供给量	4550.40×10^4 m³	1.5 元/m³	6825.60	15.53

评价指标	计算指标	功能量	价格	价值 （×10⁴元）	百分比 （%）
调蓄洪水	调洪水量	$1705.23 \times 10^4\,m^3$	3.45 元/m^3	5883.04	13.39
补给地下水	补给地下水量	$553.52 \times 10^4\,m^3$	3.45 元/m^3	1909.64	4.35
水质净化	化学需氧量 总氮 总磷	$1594.72 \times 10^3\,kg$ $352.13 \times 10^3\,kg$ $13.00 \times 10^3\,kg$	0.5 元/kg 1.5 元/kg 2.5 元/kg	53.16 35.21 2.17	
合计				90.54	0.21
气候调节	蒸散发量	$1638.00 \times 10^4\,m^3$	1.66 元/m^3	2719.08	6.19
大气组分调节	固碳 释氧	9585.58 t 7056.87 t	120 元/t 1000 元/t	115.03 705.69	
合计				820.72	1.87
休闲娱乐	接待游客人数	15.00×10^4 人	876.90 元/人	13153.50	29.93
生物多样性及景观资源保护	支付群体人数	140.50×10^4 人	85.08 元/人	11953.74	27.20
合计				43944.07	100.00

第五节　洞庭湖湿地

一、研究区概况

洞庭湖位于湖南省北部，长江中下游荆江南岸，是我国第二大淡水湖泊，由东洞庭湖、南洞庭湖、西洞庭湖 3 个国际重要湿地组成。作为典型的吞吐性调蓄湖泊，洞庭湖承担着长江及四水汛期径流调蓄的重要任务，多年平均削减洪峰流量 $1.14 \times 10^4 \, \mathrm{m^3/s}$，对长江中下游防洪安全具有重要的作用。在枯水季节，洞庭湖又出现洲滩、湖沼景观，为珍稀动物和迁徙鸟类提供栖息地，对于保护和维持生物多样性发挥着不可替代的作用。洞庭湖还具有水资源供给、原材料生产、航运、气候调节、休闲娱乐等生态系统服务，对于维持区域社会经济可持续发展具有重要的作用。近几十年，在全球气候变化、人口快速增长、城市化进程加速、泥沙淤积、围湖筑垸、过度捕捞、污水排放等自然与人为因素的共同影响下，洞庭湖水面面积缩小、容积萎缩、水质污染、生物多样性下降，湿地功能严重退化，严重影响了洞庭湖对区域社会经济的支撑作用。

尽管利益相关者逐渐认识到洞庭湖对人类福祉的重要性，也对湿地保护的重要措施有了一定的认识。政府部门也开始了湿地保护的针对性工作（建立湿地自然保护区、退田还湖、生态移民等）。但随着社会经济的发展，洞庭湖所在区域人类对洞庭湖资源的需求会不断增加，洞庭湖生态环境及长江中下游社会经济发展依然受到严重威胁。如何协调洞庭湖资源开发和环境保护过程中不同利益相关者的矛盾，协调洞庭湖不同生态系统服务之间的权衡关系（例如：洪水调蓄和水资源供给）是洞庭湖管理过程中面临的最大挑战。因此，本研究选取洞庭湖作为案例，在参考生态系统最终产品与服务最新进展的基础上，研究了洞庭湖湿地生态系统服务价值，以期为洞庭湖生态系统服务监测指标体系的建立提供重要依据，促进洞庭湖区域社会经济的可持续发展。

二、研究方法

（一）服务价值评价指标体系

在文献综述的基础上，遵循：①确定研究区生态系统组成；②确定生态系统服务利益相关者；③列举与人类福祉关联的生态系统属性并归类；④根据利益相关者对生态系统服务的实际需求和利用，确定生态系统最终服务类型；⑤通过利益相关者偏好分析等5个基本过程，结合洞庭湖湿地生态特征、所在区域社会经济特征及数据可获得性确定其生态系统服务最终服务评价指标体系（表6-18）。洞庭湖评估数据主要来自《中国人民共和国水文年鉴》《2010年度水质资料》《湖南省统计年鉴》《湖南省水资源公报》等，以及洞庭湖君山岛景区游客面访式调查。

表6-18　洞庭湖生态系统服务价值评估指标体系

服务价值类型	核算指标	指标因子	评价方法
供给服务	淡水产品	鱼、虾、蟹等水产品产量	市场价值法
	原材料生产	经济植物（芦苇生产量） 建筑材料（产沙量）	
	内陆航运	货物运输量和人口运输量	

服务价值类型	核算指标	指标因子	评价方法
供给服务	水资源供给	农业用水量	市场价值法
		工业用水量	
		居民生活用水量	
		城镇公共用水量	
		生态环境用水量	
调节服务	调蓄洪水	湿地调蓄洪峰径流量	替代工程法
	水质净化	湖体净纳污量	
	气候调节	降低温度	
	固碳	植物生物量含碳量	造林成本法
文化服务	休闲娱乐	旅游费用支出，旅行时间价值，消费者剩余	旅行费用法
	生物多样性与景观资源保护（非使用价值）	自己或别人将来有机会利用	条件价值法
		作为一份遗产留给子孙后代	
		确保景观资源永远存在	

（二）服务价值评价方法

1. 市场价值法

湿地生态系统提供的产品如淡水产品、原材料、淡水资源等，可以在市场上进行交易。市场价值法是评估具有市场价格的产品和服务的主要方法，本研究主要采用市场价值法评估供给服务价值，包括淡水产品、原材料生产、内陆航运、水资源供给。

（1）淡水产品（鱼、虾、蟹等水产品）。公式如下：

$$V_{p1}=Q_{p1}\times P_{p1} \qquad (6-86)$$

式中：V_{p1}——淡水产品生产价值（元/a）；

$\quad\quad Q_{p1}$——淡水产品产量（t）；

$\quad\quad P_{p1}$——单位淡水产品产量产值（元/t）。

（2）原材料生产。公式如下：

$$V_{p2}=\sum_{i=1}^{2}Q_{p2}\times P_{p2} \qquad (6-87)$$

式中：V_{p2}——原材料生产价值（元/a）；

$\quad\quad Q_{p2}$——原材料 i 的生产量（kg）；

$\quad\quad P_{p2}$——原材料 i 的单价（元/kg）。

（3）内陆航运。

$$V_{p3}=(Q_{p3-h}\times P_{p3-h}+Q_{p3-k}\times P_{p3-k}) \qquad (6-88)$$

式中：V_{p3}——航运价值（元/a）；

$\quad\quad Q_{p3-h}$——货运周转量（t·km）；

$\quad\quad Q_{p3-k}$——客运周转量（人·km）；

$\quad\quad P_{p3-h}$——货运价格[元/（t·km）]；

$\quad\quad P_{p3-k}$——客运价格[元/（人·km）]。

（4）水资源供给。公式如下：

$$V_{p4}=\sum_{i=1}^{n}(Q_{p4-i}\times P_{p4-i}) \qquad (6-89)$$

式中：V_{p4}——水资源供给价值（元/a）；

$\quad\quad Q_{p4-i}$——分行业用水量（t）；

$\quad\quad P_{p4-i}$——分行业用水价格（元/t）；

$\quad\quad n$——行业数量。

2. 替代成本法

替代成本法是在湿地遭受破坏后，人工建造一个系统代替原有湿地，并以新系统建造成本估算湿地生态系统服务价值。本研究用替代成本法评估调节服务价值，主要包括调蓄洪水服务、水质净化服务、气候调节服务、固碳服务。影子工程法和造林成本法都属于替代成本法。

（1）调蓄洪水。公式如下：

$$V_{r1}=（Q_{r1-1}-Q_{r1-2}）\times P_{r1} \qquad (6-90)$$

式中，V_{r1}——调洪蓄水价值（元/a）；

Q_{r1-1}——水位连续增加时段内最高水位对应的蓄水量（t）；

Q_{r1-2}——水位连续增加时段内最低水位对应的蓄水量（t）；

P_{r1}——水库造价成本（元/t）

（2）水质净化。公式如下：

$$V_{r2}=Q_{r2-N}\times P_{r2-N}+Q_{r2-P}\times P_{r2-P} \qquad (6-91)$$

式中，V_{r2}——水质净化价值（元/a）；

Q_{r2-N}——净总氮入湖量（入湖—出湖）（t）；

Q_{r2-P}——净总磷入湖量（入湖—出湖）（t）；

P_{r2-N}——总氮处理成本（元/t）；

P_{r2-P}——总磷处理成本（元/t）。

（3）气候调节。公式如下：

$$V_{r3}=Q_{r3-c}\times E\times P_{r3} \qquad (6-92)$$

式中，V_{r3}——气候调节的价值（元/a）；

Q_{r3-c}——单位体积水转化为蒸汽耗电量[（kW·h）/m³]；

E——水面蒸发量（m³）；

P_{r3}——电价[元/（kW·h）]。

（4）固碳。公式如下：

$$V_{r4}=Q_{r4}\times P_{r4} \qquad (6-93)$$

式中，V_{r4}——固碳价值（元/a）；

Q_{r4}——生物固碳量（t）；

P_{r4}——造林成本价格（元/t）。

3. 旅行费用法

旅行费用法是以消费者的需求函数为基础评价休闲娱乐服务。旅行费用法包括：区域旅行费用模型、个体旅行费用模型、随机效用模型。本研究采用个体旅行费用模型进行评估。考虑到游客旅行次数（以年为单位）为计数变量，为非负整数（方差较小、不满足最小二乘法基本假设），有可能存在过度分布和零截断问题（不满足泊松回归平均值与方差相等的假设）。本研究在应用个体旅行费用评估方法时，主要采用计数模型，同时包括泊松回归模型、过度分布泊松回归模型、负二项式回归模型、零截断泊松回归模型（Shrestha et al., 2002；Ver Hoef and Boveng, 2007；Coex et al., 2009）。

休闲娱乐价值计算公式如下：

$$V_{c1}=TE+TV+CS \tag{6-94}$$

式中，V_{c1}——休闲娱乐价值（元/a）；

TE——旅行费用支出（元）；

TV——时间成本（元）；

CS——消费者剩余（元）。

4.条件价值法

条件价值法是意愿调查法的一种。条件价值法主要用于评估利益相关者为了获得环境资源或保护环境资源免受破坏的支付意愿。条件价值法适用于对缺乏直接和间接市场的生态系统服务进行评价，但条件价值法容易受被调查人的支付能力、主观偏好等因素的影响。本研究采用条件价值法评价生物多样性和景观资源保护非使用价值，包括选择价值（自己或别人将来利用）、遗产价值（作为一份遗产留给子孙后代）、存在价值（确保永远存在）。

生物多样性与景观资源保护价值计算公式如下：

$$V_{c2}=W \times R \times P \tag{6-95}$$

式中，V_{c2}——生物多样性与景观资源保护价值（元/a）；

W——人均支付意愿（元/人）；

R——支付意愿率（%）；

P——支付群体数（人）。

三、评价结果

（一）供给服务价值

1. 淡水产品价值

2010 年洞庭湖区水产品总量为 98.75×10^4 t（湖南省统计局，2011），淡水产品平均单价根据湖南省淡水产品产值和淡水产品产量估算取 11.7 元 /kg，得到 2010 年洞庭湖区淡水产品总价值为 115.54×10^8 元。

2. 原材料生产价值

洞庭湖 2010 年芦苇干产量 88×10^4 t，平均单价 760 元 /t，则芦苇生产价值为 6.69×10^8 元。年产沙量为 2×10^8 t，采沙单价为 2 元 /t，则洞庭湖产沙价值为 4×10^8 元。2010 年原材料生产总价值为 10.69×10^8 元。

3. 内陆航运价值

货运：2010 年湖南省内河货物周转量为 342.14×10^8 t · km，湖南省等级航道合计 4126km，洞庭湖等级航道共计 495km，按洞庭湖等级航道占湖南省等级航道比例估算洞庭湖货物运输量，计算得到 2010 年洞庭湖货物周转量为 41.04×10^8 t · km，货运价格取 0.08 元 /（t · km）（李景保等，2007），计算得到洞庭湖货运价值为 3.28×10^8 元。

客运：2010 年湖南省内河旅客周转量为 1.69×10^8 人 · km，按洞庭湖等级航道占湖南省等级航道比例估算洞庭湖客运量，计算得到 2010 年洞庭湖客运量为 0.202×10^8 人 · km，客运价格取 0.38 元 /（人 · km）（李景保等，2007），计算得到洞庭湖客运价值为 0.08×10^8 元。计算得到 2010 年洞庭湖内陆航运总价值为 3.36×10^8 元。

4. 水资源供给价值

洞庭湖湖区总用水量 39.22×10^8 m³，考虑到洞庭湖区地表水供水比例占总供水的 92%，而且湖泊具有补给地下水功能，本研究直接用湖区总用水量作为洞庭湖水资源供给使用量。其中，农业用水 25.12×10^8 m³，工业用水 9.67×10^8 m³，居民

生活 $3.36 \times 10^8 \, \text{m}^3$（李景保等，2007），城镇公共用水 $0.82 \times 10^8 \, \text{m}^3$，生态环境用水 $0.25 \times 10^8 \, \text{m}^3$。其中农业用水单价 0.15 元 /$\text{m}^3$，居民生活用水、城镇公共用水、生态环境用水单价 1.43 元 /m^3，工业用水单价 1.61 元 /m^3（中国城镇供水排水协会，2010），计算得到 2010 年洞庭湖水资源供给价值为 25.67×10^8 元。

（二）调节服务价值

1. 调蓄洪水价值

洞庭湖作为一个大型的吞吐性湖泊，具有巨大的调蓄洪水功能，对长江中下游生态环境安全和社会经济发展具有非常重要的作用（袁正科，2008）。洪峰径流经长江三口（松滋口、藕池口、太平口）、四水（湘江、资水、沅江、澧水）、汨罗江和涟水等流入洞庭湖，并由东北部城陵矶泻入长江。本研究以 5~8 月实时调蓄量度量洞庭湖洪水调蓄服务，按照洞庭湖 5~8 月日入湖流量连续大于出湖流量的时段湖泊滞留的洪水量估算洞庭湖调蓄洪水服务，计算得到 2010 年洞庭湖调蓄洪水量为 $190.57 \times 10^8 \, \text{m}^3$，单位库容水库造价 6.11 元 /t，则 2010 年洞庭湖调蓄洪水价值为 1164.38×10^8 元。

2. 水质净化价值

洞庭湖人为污水主要来源包括三口四水、汨罗江、涟水等天然河川径流输入，洞庭湖周边生活污水、工业废水排放，污水输出包括用水输出和河口输出（何介南等，2009）。洞庭湖入湖氮、磷总量分别为 $75.49 \times 10^4 \, \text{t/a}$、$6.02 \times 10^4 \, \text{t/a}$。而滞留湖内的总氮量为 $10.70 \times 10^4 \, \text{t/a}$、总磷量为 $0.78 \times 10^4 \, \text{t/a}$。本研究基于受益者和生态系统服务权衡关系考虑，以洞庭湖纳污量作为洞庭湖水质净化价值，其中净化总氮单价为 1.5 元 /kg，总磷为 2.5 元 /kg（张修峰等，2007），则 2010 年洞庭湖净化功能总价值为 1.80×10^8 元。

3. 气候调节价值

洞庭湖气候调节服务主要考虑湖泊水体蒸发吸收热量降低温度。利用洞庭湖湖口城陵矶（七里山站）和西洞庭湖湖口（北端）南咀站两站的每日蒸发量（E601）数据求得洞庭湖 2010 年水面蒸发量为 804.90 mm，其中 6~10 月蒸发量为 460.75 mm。考虑到洞庭湖水面面积变化较大，取 1500 km² 作为洞庭湖 2010 年平均水面面积（刘可群等，2009），计算得到洞庭湖 2010 年 6~10 月水面蒸发量为 6.91×10^8 m³。电价湖南省居民生活用电电价 0.56 元 /（kW·h）计算（中国物价年鉴编辑部，2013），其他参数参考江波等（2011）的研究，评估得到洞庭湖 2010 年气候调节价值为 809.75×10^8 元。

4. 固碳价值

洞庭湖 2010 年芦苇产量为 88×10^4 t，以此数据估算洞庭湖固碳价值。根据光合作用方程，植物每生产 1kg 干物质，能固定 1.63 kg CO_2，计算得到洞庭湖年固碳量为 39.12×10^4 t，CO_2 造林成本为 1320 元 /t 碳（李文华等，2008），则 2010 年洞庭湖固碳价值为 5.16×10^8 元。

（三）文化服务价值

1. 休闲娱乐

为研究洞庭湖休闲娱乐价值，于 2012 年 4 月在洞庭湖君山岛景区及湖畔对游客进行拦截式面访调查，总共发放问卷 224 份，其中洞庭湖畔 20 份左右。由于部分问卷关键信息回答不清楚或不完全，最后用于计算休闲娱乐价值的有效问卷分别为 143 份。

从调查结果可知，被访者的年平均旅游次数分别为 1.75 次，平均年龄为 32.90 岁，而且有 68% 以上的被访者学历达到大专和本科以上水平，被访者对生物多样性保护有非常高的关心程度（2.54）。休闲娱乐价值包括人均旅行费用支出、时间成本和消费者剩余。

君山岛 2011 年旅游人次达 50 万人次，根据评估的人均旅行费用支出、人均时间成本、人均消费者剩余，计算得到 2010 年洞庭湖休闲娱乐价值为 3.87×10^8 元。

2. 生物多样性与景观资源保护价值

采用支付卡式条件价值法对洞庭湖生物多样性与景观资源保护非使用价值进行评价，于 2012 年 4 月在洞庭湖君山岛景区对游客进行拦截式面访调查，发放问卷 224 份。由于部分问卷关键信息回答不清楚或不完全，回收有效问卷 179 份进行游客非使用价值评估。于 2012 年 10 月对岳阳市居民进行入户和拦截式面访调查，发放问卷 142 份，由于 1 份关键信息回答不清楚或不完全，回收有效问卷 141 份进行岳阳市居民非使用价值评估。

计算得到洞庭湖提供给居民的生物多样性和景观资源保护非使用价值为 6.12×10^8 元，其中选择价值 1.33×10^8 元，遗产价值 1.89×10^8 元，存在价值 2.90×10^8 元（表 6-19 和表 6-20）。

表 6-19　不同利益相关者湿地保护支付意愿分布

WTP 值（元 / 月）	游客		岳阳市居民	
	频数（人）	频率（%）	频数（人）	频率（%）
0	50	27.93	52	36.88
1~5	37	20.67	17	12.06
5~10	38	21.23	33	23.40
10~15	15	8.38	4	2.84
15~20	15	8.38	13	9.22
20~25	2	1.12	5	3.55
25~30	7	3.91	4	2.84
30~35	1	0.56	1	0.71
35~40	2	1.12	1	0.71
40~45	0	0.00	0	0.00
45~50	12	6.70	4	2.84
>50	0	0	7	4.96
合计	179	100.0	141	100.0

表 6-20　岳阳市居民支付意愿选择

支付意愿选择		频数	有效样本数	比例（%）	归一化比例（%）
愿意支付的原因	选择价值	32	89	36.0	21.77
	遗产价值	45	89	50.6	30.61
	存在价值	70	89	78.7	47.62
不愿支付的原因	收入有限	23	52	44.2	36.5
	不关心生物多样性保护	1	52	1.9	1.6
	远离洞庭湖湿地	1	52	1.9	1.6
	应由政府承担	28	52	53.8	44.4
	支付费用用不到保护上	10	52	19.2	15.9

（四）生态系统服务总价值

根据本研究的评价结果，洞庭湖 2010 年生态系统务总价值为 2146.34×10^8 元（表 6-21）。2010 年洞庭湖提供的主导生态系统服务是气候调节和洪水调蓄，其中，调蓄洪水价值为 1164.38×10^8 元，占总价值的 54.25%；气候调节价值为 809.75×10^8 元，占总价值的 37.73%。对所评价的 10 项生态系统最终服务按价值量排序，依次为调蓄洪水＞气候调节＞淡水产品＞水资源供给＞原材料生产＞生物多样性和景观资源保护＞固碳＞休闲娱乐＞内陆航运＞水质净化。

表 6-21 洞庭湖 2010 年生态系统服务价值

湿地生态系统 最终服务类型	物质量	价值量 （×10^{8}元）	所占比 （%）
淡水产品	98.75×10^4 t	115.54	5.38
原材料生产	88×10^4 t（芦苇） 2×10^8 t（砂石）	10.69	0.50
内陆航运	41.04×10^8 t·km（货运） 2020×10^4 人·km（客运）	3.36	0.16
水资源供给	39.22×10^8 m^3	25.67	1.20
调蓄洪水	190.57×10^8 m^3	1164.38	54.25
水质净化	10.70×10^4 t（TN） 0.78×10^4 t（TP）	1.80	0.08
气候调节	6.91×10^8 m^3（蒸发量）	809.75	37.73
固碳	39.12×10^4 t	5.16	0.24
休闲娱乐	50×10^4 人次	3.87	0.18
生物多样性和 景观资源保护		6.12	0.29
总计		2146.34	100.00

第六节　青海湖湿地

一、研究区概况

青海湖长 105 km，宽 63 km，湖面海拔 3196 m，是中国最大的内陆湖泊和咸水湖，地处青藏高原的东北部，西宁市的西北部，位于 99°36′~100°16′E、36°32′~37°15′N 之间。其四周被 4 座巍巍高山所环抱：北面是大通山，东面是日月山，南面是青海南山，西面是橡皮山，建有青海湖国家级自然保护区。这 4 座大山海拔都在 3600~5000 m 之间。青海湖面积达 4456 km²，环湖周长 360 余千米，比著名的太湖大 1 倍还要多，湖面东西长、南北窄，略呈椭圆形。青海湖水平均深约 21 m，最大水深为 32.8 m，蓄水量达 1.05×10^{11} m³，湖面海拔为 3260 m。

青海湖具有高原大陆性气候，光照充足，日照强烈；冬寒夏凉，暖季短暂，冷季漫长；春季多大风和沙暴；雨量偏少，雨热同季，干湿季分明。湖区全年降水量偏少。但东部和南部稍高于北部和西部，东部全年降水量 412.8 mm，南部 359.4 mm，西北部 370.3 mm，西部 360.4 mm 和 324.5 mm。全年蒸发量达 1502 mm，蒸发量远超降水量。湖区降水量季节变化大，降水多集中在 5~9 月。

二、研究方法

（一）服务价值评价指标体系

在文献综述的基础上，遵循：①确定研究区生态系统组成；②确定生态系统服务利益相关者；③列举与人类福祉关联的生态系统属性并归类；④根据利益相关者对生态系统服务的实际需求和利用，确定生态系统最终服务类型；⑤通过利益相关者偏好分析等5个基本过程，结合青海湖湿地生态特征、所在区域社会经济特征及数据可获得性确定其生态系统服务最终服务评价指标体系（表6-22）。青海湖湿地评估数据主要来源于文献资料及青海湖二朗剑景区游客面访式调查。

表 6-22 青海湖生态系统服务价值评估指标体系

服务价值类型	评价指标	指标因子	评价方法
供给服务	食物生产	裸鲤资源量	市场价值法
	原材料生产	产草量	市场价值法
调节服务	水源涵养	水源涵养量	替代工程法
	气候调节	增加湿度	替代工程法
	固碳	植物生物量含碳量	造林成本法
	释氧	释放氧气量	工业制氧法
文化服务	休闲娱乐	旅游费用支出，旅行时间价值，消费者剩余	旅行费用法
	非使用价值	自己或别人将来有机会利用	条件价值法
		作为一份遗产留给子孙后代	
		确保景观资源永远存在	

（二）服务价值评价方法

1. 市场价值法

湿地生态系统提供的产品如食物产品、原材料、水资源等，可以在市场上进行交易。市场价值法是评估具有市场价格的产品和服务的主要方法，本研究主要采用市场价值法评估供给服务价值，包括食物生产、原材料生产。

（1）食物生产。公式如下：

$$V_{p1}=Q_{p1}\times P_{p1} \tag{6-96}$$

式中，V_{p1}——食物产品生产价值（元/a）；

Q_{p1}——食物产品产量（t）；

P_{p1}——单位食物产品产量产值（元/t）。

（2）原材料生产。公式如下：

$$V_{p2}=\sum_{i=1}^{2}Q_{p2}\times P_{p2} \tag{6-97}$$

式中，V_{p2}——原材料生产价值（元/a）；

Q_{p2}——原材料 i 的生产量（kg）；

P_{p2}——原材料 i 的单价（元/kg）。

2. 替代成本法。

替代成本法是在湿地遭受破坏后，人工建造一个系统代替原有湿地，并以新系统建造成本估算湿地生态系统服务价值。本研究用替代成本法评估调节服务价值，主要包括水源涵养服务、气候调节服务、固碳服务、释氧服务。影子工程法和造林成本法都属于替代成本法。

（1）涵养水源。公式如下：

$$V_{r5}=Q_{r5}\times P_{r5} \tag{6-98}$$

式中，V_{r5}——水源涵养价值（元/a）；

Q_{r5}——水源涵养量（m³）；

P_{r5}——单位库容水库建造成本（元/m³）。

（2）气候调节。公式如下：

$$V_{r3}=Q_{r3-c}\times E\times P_{r3} \tag{6-99}$$

式中，V_{r3}——气候调节的价值（元/a）；

Q_{r3-c}——单位体积水转化为蒸汽耗电量 [（kW·h）/m³]；

E——水面蒸发量（m³）；

P_{r3}——电价 [元/（kW·h）]。

（3）固碳。公式如下：

$$V_{r4}=Q_{r4}\times P_{r4} \tag{6-100}$$

式中，V_{r4}——固碳价值（元/a）；

Q_{r4}——生物固碳量（t）；

P_{r4}——造林成本价格（元/t）。

（4）释氧。公式如下：

$$V_{r6}=Q_{r6}\times P_{r6} \tag{6-101}$$

式中，V_{r3}——释氧价值（元/a）；

Q_{r3}——释氧量（m³）；

P_{r3}——工业制氧价格（元/m³）。

3. 旅行费用法

旅行费用法是以消费者的需求函数为基础评价休闲娱乐服务。旅行费用法包括：区域旅行费用模型、个体旅行费用模型、随机效用模型。本研究采用个体旅行费用模型进行评估。考虑到游客旅行次数（以年为单位）为计数变量，为非负整数（方差较小、不满足最小二乘法基本假设），有可能存在过度分布和零截断问题（不满足泊松回归平均值与方差相等的假设）。本研究在应用个体旅行费用评估方法时，主要采用计数模型，同时包括泊松回归模型、过度分布泊松回归模型、负二项式回归模型、零截断泊松回归模型（Shrestha et al.，2002；Ver Hoef and Boveng，2007；Coex et al.，2009）。

休闲娱乐价值计算公式如下：

$$V_{c1}=TE+TV+CS \tag{6-102}$$

式中，V_{c1}——休闲娱乐价值（元/a）；

TE——旅行费用支出（元）；

TV——时间成本（元）；

CS——消费者剩余（元）。

4. 条件价值法

条件价值法是意愿调查法的一种。条件价值法主要用于评估利益相关者为获得环境资源或保护环境资源免受破坏的支付意愿。条件价值法适用于对缺乏直接和间接市场的生态系统服务进行评价，但条件价值法容易受被调查人的支付能力、主观偏好等因素的影响。本研究采用条件价值法评价生物多样性和景观资源保护非使用价值，包括选择价值（自己或别人将来利用）、遗产价值（作为一份遗产留给子孙后代）、存在价值（确保永远存在）。

非使用价值计算公式如下：

$$V_{c2} = W \times R \times P \qquad\qquad (6-103)$$

式中，V_{c2}——非使用价值（元/a）；

W——人均支付意愿（元/人）；

R——支付意愿率（%）；

P——支付群体数（人）。

三、评价结果

（一）供给服务价值

1. 食物生产价值

青海湖主要生产鱼类，本研究以鱼类供给价值作为青海湖湿地食物生产价值。青海湖盛产全国五大名鱼之一——青海裸鲤（俗称湟鱼）（曹生奎等，2013）。依据资料显示，2012 年青海湖中裸鲤总尾数为 1.526×10^8 t，总资源量为 3.36×10^4 t。为保护青海湖湟鱼，维护青海湖流域生态平衡，2011~2020 年青海湖实施第五次封湖育鱼，执行"零捕捞"的保护措施（曹生奎等，2013），因此青海湖食物生产价值为 0。但需要指出的是，青海湖湟鱼具有巨大的生态价值。

2. 原材料生产价值

青海湖湖体周围分布有湖滨湿地和河口湿地，2010 年青海湖河口湿地面积为 $7.56km^2$，湖滨湿地面积为 $49.96km^2$（郝美玉等，2012）。河口湿地平均生物量 $283.4g/m^2$，湖滨湿地平均生物量 $319.2g/m^2$（曹生奎等，2013）。据此计算河口湿地和湖滨湿地总产草量为 1.81×10^4 t。青海省牧草市场销售价取 1.2 元/kg（曹生奎等，2013），采用市场价值法进行估算，则青海湖湿地原材料生产价值为 0.18×10^8 元/a。

（二）调节服务价值

1. 水源涵养价值

青海湖巨大的水面面积是控制西部荒漠化向东蔓延的天然屏障。根据青海省水文水资源勘测局最新的实测数据，青海湖容积是 $785.2 \times 10^8 m^3$，单位库容水库造价 6.11 元/m^3（国家林业局，2008）。则青海湖湿地水源涵养价值为 4797.57×10^8 元。

2. 气候调节价值

青海湖是青藏高原的天然"加湿器"，本研究主要计算青海湖水面蒸发增加空气湿度的价值。青海湖多年平均湖泊水面蒸发量为 $40.93 \times 10^8 m^3$。以市场上常见加湿器功率 32 W 计算，将 $1 m^3$ 水转化为蒸汽耗电量约为 $125kW \cdot h$（刘晓丽等，2008）。电价取 2012 年青海省居民阶梯电价的第一档电量的电价 0.3771 元/（$kW \cdot h$），计算得到青海湖湿地气候调节价值为 1929.34×10^8 元/a。

3. 固碳价值

青海湖河口湿地和湖滨湿地总产草量为 1.81×10^4 t。根据光合作用方程，植物每生产 1 kg 干物质，能固定 $1.63 kgCO_2$。计算得到博斯腾湖固碳量为 0.80×10^4 t/a，CO_2 造林成本为 1320 元/t 碳（李文华等，2008），则青海湖湿地固碳价值为 0.11×10^8 元。

4. 释氧价值

青海湖河口湿地和湖滨湿地总产草量为 1.81×10^4 t。根据光合作用方程，植物每生产 1 kg 干物质，向空气中释放 1.2 kg O_2。计算得到博斯腾湖释氧量为 20.40×10^4 t/a，氧气价格采用 2012 年中华人民共和国卫生健康委员会网站（http://wsb.moh.gov.cn/）的氧气价格，为 1000 元/t，则青海湖湿地释氧价值为 0.22×10^8 元。

（三）文化服务价值

1. 休闲娱乐价值

为研究青海湖湿地休闲娱乐价值，于 2012 年 7 月在青海湖二朗剑景区对游客进行拦截式面访调查，发放问卷 200 份。由于部分问卷关键信息回答不清楚或不完全，最后用于计算休闲娱乐价值的问卷为 198 份。将青海省以外的省份以省份为单位划分小区，将青海省各市以市为单位划分小区，一共划分为 30 个小区。以 2011 年青海湖旅游人次数 85×10^4 人次作为参考，结合问卷调查及小区城镇人口和人均收入估算各小区的旅游率及对应的旅行成本（包括旅行费用支出和时间成本）（表 6-23）。通过 SPSS 16.0 曲线估计，构建小区旅游率与旅行成本的回归模型。综合考虑模型拟合度及区域旅行费用模型的经济学原理，最后选取倒数模型，得到小区旅游率与旅行成本的函数关系（$R^2 = 0.31$，$P < 0.01$）：

$$VR_i = -79.306 + 140200/TC_i \qquad (6-104)$$

则各区域的总消费者剩余价值为：

$$CS_i = \frac{N_i}{10000} \int_{TCiTCchocked} (-79.306 + 140200/TC)\ \mathrm{d}TC \qquad (6-105)$$

式中，CS_i——每个小区的消费者剩余；

N_i——每个小区的城镇总人数；

$TC_{chocked}$——旅游率为 0 对应的旅行成本（元）；

TC_i——每个小区对应的旅行成本（元）。

（1）旅行成本。根据问卷调查，统计游客在青海湖湿地旅游过程中所发生的全部费用和全部时间，时间价值按照游客日工资率的 30% 进行计算，求得游客在青海湖湿地景区的总旅行成本为 9.23×10^8 元，其中旅行费用支出 8.84×10^8 元，时间成本 0.39×10^8 元。

（2）消费者剩余。结合计算公式得到青海湖湿地景区游客消费者剩余为 9.17×10^8 元，则青海湖湿地休闲娱乐价值为 18.40×10^8 元。

表6-23 各小区消费者支出及旅游率

出发地	旅游人次 （×10⁴人次/a）	旅游率 （人次/10⁴人）	旅行费用 （元/人）	总旅行费用 （×10⁴元）	小时工资率 （元/h）	时间价值 （元/人）	总时间价值 （×10⁴元）	人均旅行成本 （元/人）
安徽	3.01	11.64	1874.70	5633.57	9.91	44.23	132.90	1918.93
北京	8.16	54.67	1347.38	10989.99	34.74	131.74	1074.54	1479.12
福建	0.86	4.61	559.00	479.95	16.11	77.35	66.41	636.35
甘肃	10.73	124.79	753.85	8090.56	8.84	22.05	236.67	775.90
广东	5.15	8.43	1749.33	9011.70	22.05	66.14	340.72	1815.47
广西	1.29	6.76	890.00	1146.21	10.07	24.17	31.12	914.17
贵州	1.29	11.35	1220.00	1571.21	7.43	17.84	22.98	1237.84
河北	0.86	2.84	1314.29	1128.43	13.60	32.64	28.02	1346.93
河南	2.15	6.00	746.50	1602.34	11.54	38.79	83.26	785.29
湖北	1.29	4.90	1583.30	2039.10	11.49	27.57	35.50	1610.87
湖南	0.86	3.10	1835.00	1575.51	11.17	26.80	23.01	1861.80

出发地	旅游人次 （×10⁴人次/a）	旅游率 （人次/10⁴人）	旅行费用 （元/人）	总旅行费用 （×10⁴元）	小时工资率 （元/h）	时间价值 （元/人）	总时间价值 （×10⁴元）	人均旅行成本 （元/人）
江苏	3.43	8.00	721.14	2476.64	21.38	57.74	198.29	778.88
江西	0.43	2.24	4000.00	1717.17	10.12	24.28	10.42	4024.28
辽宁	0.86	3.29	765.00	656.82	16.09	38.61	33.15	803.61
内蒙古	0.43	3.32	2530.00	1086.11	15.20	36.49	15.66	2566.49
宁夏	3.01	104.34	1285.36	3862.57	10.48	25.15	75.59	1310.51
青海海东	0.43	134.62	270.00	115.91	7.55	18.11	7.77	288.11
青海海南	0.43	313.58	410.00	176.01	6.28	15.07	6.47	425.07
青海海西	0.43	125.27	343.00	147.25	8.38	20.11	8.63	363.11
青海黄南	0.43	650.44	235.00	100.88	7.30	17.52	7.52	252.52
青海西宁	15.45	1098.48	475.02	7341.22	7.92	19.58	302.59	494.60
山东	1.29	2.81	1889.00	2432.80	17.87	57.04	73.46	1946.04

（续）

出发地	旅游人次 （×10⁴ 人次/a）	旅游率 （人次/10⁴ 人）	旅行费用 （元/人）	总旅行费用 （×10⁴ 元）	小时工资率 （元/h）	时间价值 （元/人）	总时间价值 （×10⁴ 元）	人均旅行成本 （元/人）
山西	2.58	16.34	867.10	2233.44	12.07	28.96	74.60	896.06
陕西	9.02	54.94	799.98	7211.94	10.52	27.76	250.26	827.74
上海	2.58	15.13	932.80	2402.67	38.40	107.83	277.74	1040.63
四川	3.01	9.49	1044.36	3138.35	9.96	30.84	92.68	1075.20
天津	0.43	4.48	820.00	352.02	27.62	66.29	28.46	886.29
新疆	0.43	4.99	2500.00	1073.23	11.87	56.98	24.46	2556.98
浙江	4.29	14.31	1952.57	8382.24	24.97	71.93	308.78	2024.50
重庆	0.43	2.91	450.00	193.18	12.00	28.81	12.37	478.81
合计				88369.04			3884.05	

2. 非使用价值

2012 年 7 月，在青海湖二朗剑景区对游客进行拦截式面访调查，发放问卷 200 份，回收有效问卷 198 份进行非使用价值评估。被访者中有支付意愿的个体数为 150，支付意愿率为 75.76%。不愿意支付的个体中，抗议性支付比例占 48.08%，根据 Van der Heide 等（2008）的研究，总支付意愿比例可以计算为 87.41%。对有支付意愿的问卷进行统计，鉴于支付意愿值（WTP）多数情况下较离散，本书采用中位值计算方法，选取累计频度为 50% 的支付额度作为人均支付意愿。根据表 6-24，计算得到青海湖湿地游客人均支付意愿值为 14.40 元／月（区间式中值平均值）。2011 年青海湖湿地旅游人次为 85×10^4 人次，被访者平均旅游次数为 1.33 次/a，假定有 1/4 被访者没有支付能力，则游客支付群体总数为 47.93×10^4 人。同时，青海省乃至整个西北地区也是青海湖非使用价值的受益者，扣除游客统计数据中的青海省本地游客，假定青海省有 1/4 居民没有支付能力，则居民支付群体总数为 161.87×10^4 人。计算青海湖湿地非使用价值为 3.17×10^8 元/a，其中选择价值 1.01×10^8 元/a，遗产价值 1.09×10^8 元/a，存在价值 1.07×10^8 元/a。

表 6-24 被调查者支付意愿值的频度分布

WTP 支付值（元／月）	绝对频数（人次）	相对频度（%）	累计频度（%）
1~5	17	11.33	11.33
5~10	29	19.33	30.67
10~15	18	12.00	42.67
15~20	29	19.33	62.00
20~25	11	7.33	69.33
25~30	14	9.33	78.67
30~35	5	3.33	82.00
35~40	2	1.33	83.33

WTP 支付值（元/月）	绝对频数（人次）	相对频度（%）	累计频度（%）
40~45	3	2.00	85.33
45~50	12	8.00	93.33
50~60	5	3.33	96.67
60~70	3	2.00	98.67
70 以上	2	1.33	100.00
总计	150	100.00	

（四）生态系统服务总价值

根据本研究评价结果（表 6-25），2012 年青海湖湿地生态系统服务总价值为 6748.99×10^8 元，其中供给服务价值为 0.18×10^8 元，占总价值的 0.0036%；调节服务价值为 6727.24×10^8 元，占总价值的 99.68%；文化服务价值为 21.57×10^8 元，占总价值的 0.32%。2012 年青海湖湿地生态系统提供的主要服务为水源涵养和气候调节，二者价值占总价值的 99.67%。其中，水源涵养价值占 71.09%，气候调节价值占 29.59%。对所评价的 8 项最终服务按其价值大小依次排序为：水源涵养 > 气候调节 > 休闲娱乐 > 非使用价值 > 释氧 > 原材料生产 > 固碳 > 食物生产。

评估结果用直观的经济数据说明青海湖湿地生态系统给人类提供了巨大的价值，保护青海湖湿地生态系统就是保护人类福祉。在所计算的 8 项生态系统最终服务中，水源涵养和气候调节 2 项服务价值占总价值的 99.67%，说明这 2 项服务是青海湖湿地提供给人类的核心服务。这也证明了青海湖是维系青藏高原东北部生态安全的重要水体，是区域内最重要的水汽源和气候调节器。

表 6-25　青海湖湿地生态系统各项服务价值汇总表

评价指标	计算指标	物质量	价格	价值 （×10⁸ 元）	百分比 （%）
食物生产	裸鲤资源量 （×10^4 t）	3.36		0	0
原材料生产	水草产量（×10^4 t）	1.81	1.2 元 /kg	0.18	0.003
水源涵养	水源涵养量 （×10^8 m^3）	785.2	6.11 元 /m^3	4797.57	71.086
气候调节	水面蒸发量（m^3）	40.93	47.14 元 /m^3	1929.34	28.587
固碳	固碳量（×10^4 t）	0.80	1320 元 /t	0.11	0.002
释氧量	释氧（×10^4 t）	2.17	1000 元 /t	0.22	0.003
休闲娱乐	旅行费用支出、时间 成本、消费者剩余	85 （×10^4 人）	2164.71 （元 / 人）	18.4	0.273
非使用价值	支付意愿	183.39 （×10^4 人）	172.8 ［元 /（人·a）］	3.17	0.047
合计				6748.99	100.00

第七节　洪河湿地

一、研究区概况

　　洪河湿地位于黑龙江洪河国家级自然保护区（47°42′18″~47°52′07″N′、133°34′38″~133°46′29″E），该自然保护区地处黑龙江省三江平原腹地，同江市与抚远县交界处，东至前锋农场，西至浓鸭截洪七干渠，北至浓江河北岸河滩地，南至别拉洪河二十四排干。其内沼泽湿地面积 7270 hm²，约占洪河国家级自然保护区总面积的 31%。其中，漂筏薹草沼泽区分布于河道附近，面积 2490 hm²；毛薹草沼泽区分布较分散，面积 4780hm²。

　　该区域属温带季风气候，年平均气温 1.9℃，年降水量 585 mm，其中 50%~70% 的降水集中在植物生长季。研究区由阶地和冲积低平原漫滩组成，地势低平，易受暴雨淹没。区内分布 2 条沼泽性河流，分别是浓江河及其支流沃绿兰河，形成较完整的集水区单元，是自然保护区核心区的主要水源。土壤以沼泽土和白浆土为主，浅层为黏土。沼泽植物和陆栖动物及其生境共同组成该保护区的主要保护对象。其中，沼泽植物以薹草类纤维植物为主，珍稀濒危野生植物有野大豆（*Glycine soja*）和水曲柳（*Fraxinus mandchurica*）等 6 种；珍稀濒危鸟类有东方白鹳（*Ciconia boyciana*）、黑鹳和丹顶鹤（*Grus japonensis*）等 10 余种。

二、研究方法

（一）服务价值评价指标体系

根据洪河国家级自然保护区沼泽区域性差异和季节性积水等特征以及数据的可获得性，针对水源涵养、气候调节和大气成分调节等9项生态功能进行服务价值评估，建立相应的价值评估体系，并且选取适当的评估方法和参数（表6-26）。

表6-26　洪河国家级自然保护区沼泽生态系统服务价值评估指标体系

生态服务价值	生态功能	评估指标	评估方法
直接使用价值	物质生产	产品输出	市场价值法
	水源涵养	地表水存储	影子工程法
	休闲旅游	旅游收入	费用支出法
间接使用价值	气候调节	降温、增湿	费用支出法
	洪水调蓄	调蓄水资源量	影子工程法
	大气成分调节	固碳	造林成本法、碳税法
	大气成分调节	释氧	工业制氧法
	土壤养分保持	化肥市场价格	替代花费法
	生物多样性维持	重要物种栖息地功能级别	生态价值法
	文化、科研	国内科研费用标准	费用支出法

通过遥感影像解译得到 2009 年洪河国家级自然保护区沼泽分布数据，并通过遥感反演得到整个研究区生物量数据，评估精度达到 97%。地表积水量数据采用水位计实测记录。价值估算中使用的旅游收入、中美汇率和土壤营养物含量等其他数据来源于 2010 年出版的《黑龙江统计年鉴》《中国沼泽志》和《中国外汇管理年报 2009》等。

（二）服务价值评价方法

1. 直接使用价值

（1）物质生产（包括食品和原材料生产）。公式如下：

$$V_{p1}=Q_{p1} \times P_{p1} \qquad (6-106)$$

式中，V_{p1}——物质生产价值（元/a）；

$\quad\quad Q_{p1}$——物质生产产量（t）；

$\quad\quad P_{p1}$——单位物质生产产值（元/t）。

洪河国家级自然保护区沼泽湿地主要以湿生和沼生草本植物为主，漂筏薹草、毛薹草和乌拉薹草等湿地植物主要分布在河漫滩和低洼地带（周德民等，2007）。依据黑龙江省洪河国家级自然保护区管理局提供的数据，毛薹草单位面积干草产量为 403 g/m²，生长面积约为 4.78×10^7 m²，毛薹草年产干草量约 1.93×10^7 kg，薹草类产品单位价格为 0.40 元/kg（周德民等，2007）。

（2）水源涵养。公式如下：

$$V_{r5}=Q_{r5} \times P_{r5} \qquad (6-107)$$

式中，V_{r5}——水源涵养价值（元/a）；

$\quad\quad Q_{r5}$——水源涵养量（m³）；

$\quad\quad P_{r5}$——单位库容水库建造成本（元/m³）。

利用漂筏薹草沼泽区植物生长季地表水深度 0.92 m 替代全年地表积水深度，得到地表积水量为 2.29×10^7 m³；毛薹草沼泽区地表积水深度按照多年平均值 0.20 m（赵魁义，1999）计算，得到地表积水量为 9.56×10^6 m³。因此，采用影子工程法得到涵养水源功能服务价值为涵养水源总量 3.25×10^7 m³ 与单位蓄水量库容成本（李金昌，1999）之积。

（3）休闲旅游。公式如下：

$$V_{c1}=TE+TV+CS \tag{6-108}$$

式中，V_{c1}——休闲娱乐价值（元/a）；

TE——旅行费用支出（元）；

TV——时间成本（元）；

CS——消费者剩余（元）。

洪河国家级自然保护区具有优美的自然风光和较为完整的沼泽植被景观，吸引着大量中外游客。按其功能，可将保护区分为核心区、实验区和缓冲区。其中，核心区禁止从事任何开发和旅游等人为活动；缓冲区可进行非破坏性的科学研究工作；实验区可以开展教学实习和生态旅游等。实验区的沼泽面积为 $2.30 \times 10^7 \, m^2$，将其作为休闲旅游价值的估算范围（赵魁义，1999）。《黑龙江统计年鉴》显示，全省 2009 年共接待国内游客 10844×10^4 人，国内旅游收入总计（包括门票费等）606 亿元；国际游客 135×10^4 人，旅游外汇收入总计 63868×10^4 美元。采用费用支出法（江波等，2011），依据实验区面积占黑龙江省自然保护区总面积的比例，估算出研究区休闲旅游价值值量。

2. 间接使用价值

（1）气候调节。公式如下：

洪河国家级自然保护区地表浅层覆盖 5~15 m 厚的黏土和亚黏土，形成隔水层。在进行水量平衡计算时，忽略地下水与地表水交换过程中导致的地下水蓄水量变化。得到简化的闭合流域水量平衡方程：

$$P=R+E+\Delta W \tag{6-109}$$

式中，P——降水量（mm）；

R——径流量（m^3/s）；

E——蒸发量（m^3）；

ΔW——时段内流域蓄水量变化（m^3）。

在本研究中代表 2009 年漂筏薹草沼泽区地表积水量 $2.29 \times 10^7 m^3$。

浓江河和沃绿兰河河道面积为 $7.37 \times 10^7 \, m^2$，径流深 0.41 m，得到径流量为 $3.02 \times 10^7 \, m^3$。黑龙江三江沼泽湿地生态系统国家野外科学观测研究站数据显示，2009 年漂筏薹草沼泽区年降水量为 610 mm，计算得到漂筏薹草沼泽区的蒸发量为

$7.03 \times 10^6 \, \text{m}^3$。毛薹草沼泽区以多年平均值 0.81 m（周德民和宫辉力，2007）作为蒸散发值，计算得到年蒸发量为 $3.87 \times 10^7 \, \text{m}^3$。研究区内沼泽总蒸发量为 $4.57 \times 10^7 \, \text{m}^3$。湿地气候调节功能的单位价值为 1.66 元 $/\text{m}^3$。计算公式如下：

$$V_c = (ET_1 \times S_1 + ET_2 \times S_2) \times V_u \qquad (6-110)$$

式中，ET_1——漂筏薹草沼泽蒸散发（m）；

ET_2——毛薹草沼泽蒸散发（m）；

S_1——漂筏薹草沼泽面积（m^2）；

S_2——毛薹草沼泽面积（m^2）；

V_u——湿地气候调节服务的单位价值（元 $/\text{m}^3$）；

V_c——湿地气候调节服务价值（元）。

（2）洪水调蓄。公式如下：

$$V_{r1} = (Q_{r1-1} - Q_{r1-2}) \times P_{r1} \qquad (6-111)$$

式中，V_{r1}——蓄水调洪价值（元）；

Q_{r1-1}——水位连续增加时段内最高水位对应的蓄水量（m^3）；

Q_{r1-2}——水位连续增加时段内最低水位对应的蓄水量（m^3）。

研究区沼泽植物生长季地表多积水，非生长季地表积水消退，水文交换过程微弱。因此，选用 Odyssey 水位观测仪器，对漂筏薹草沼泽区植被生长季的地表水位进行持续观测和记录，计算出漂筏薹草沼泽区 5~10 月地表积水深度的月平均值，并将该值作为全年调蓄洪水深度的数据来源。依据漂筏薹草沼泽区内布设的水位计显示，该区地表积水深度的月尺度变化较大，以 5 月地表积水深度月平均值作为洪水调蓄功能计算的下限水位，9 月地表水深的月平均值作为调蓄洪水的上限水位。毛薹草沼泽区由于地理位置和积水条件的影响，地表水上限水位低于漂筏薹草沼泽区。因此，洪河国家级自然保护区沼泽全年调蓄的最大洪水量为漂筏薹草沼泽区上、下限水位差值与沼泽面积之积（$10.30 \times 10^7 \, \text{m}^3$）。利用影子工程法，得到洪水调蓄功能价值为单位蓄水量库容成本（0.67 元 $/\text{m}^3$）与调蓄水量之积。

（3）大气组分调节。公式如下：

$$V_{r4} = Q_{r4} \times P_{r4} \qquad (6-112)$$

式中，V_{r4}——固碳价值（元）；

Q_{r4}——生物固碳量（t）；

P_{r4}——造林成本价格（元/t）。

$$V_{r6}=Q_{r6}\times P_{r6} \tag{6-113}$$

式中，V_{r3}——释氧价值（元）；

　　　Q_{r3}——释氧量（kg）；

　　　P_{r3}——工业制氧价格（元/kg）。

2009年洪河国家级自然保护区沼泽植物干质量共计3.73×10^7 kg。，植物每生产1 kg干物质，能固定1.63 kg二氧化碳，释放1.20 kg氧气。由此可知，植物吸收二氧化碳总量为6.08×10^7 kg/a，依据《中国外汇管理年报2009》数据，2009年美元兑人民币汇率中间价为6.83元（中国外汇管理局，2009）。国际通用碳税率标准为150 USD/t，中国造林成本为260.90元/t（李文华等，2002），将中国造林成本与国际碳税成本二者的平均价642.7元/t作为本次固碳价值的碳税标准。

同理，得到植物释放氧气量为4.48×10^7 kg，按照中国工业制氧成本0.40元/kg（任志远和张艳芳，2003）进行释氧价值估算。

（4）土壤养分保持。流经沼泽的水中的氮、磷和钾等营养元素被沼泽土壤吸收，达到土壤养分保持的目的。采用替代花费法，将湿地土壤肥力损失换算为土壤养分保持价值。沼泽土壤全氮含量为1.48%，全磷含量为0.17%，全钾含量为0.95%（宋长春，2012），沼泽土壤平均容重约为370 kg/m³，无植被土壤中等程度侵蚀深度平均值为25 mm/a。化肥平均价格按2.55元/kg（张和钰等，2013）计算。土壤养分保持服务价值的计算公式如下：

$$V=(C_N+C_P+C_K)\times S\times H\times R\times P_1 \tag{6-114}$$

式中，V——土壤养分保持价值（元）；

　　　S——沼泽面积（m²）；

　　　H——侵蚀深度（m）；

　　　R——土壤容重（kg/m³）；

　　　C_N——单位土壤全氮含量（%）；

　　　C_P——单位土壤全磷含量（%）；

　　　C_K——单位土壤全钾含量（%）；

　　　P_1——中国化肥的平均价格（元）。

（5）生物多样性维持。洪河国家级自然保护区记录有鸟类15目32科104种，鱼类 6 科 16 种，高等植物 91 科 521 种。保护区有国家一级保护鸟类 10 余种，是东方白鹳、黑鹳和丹顶鹤等东北亚候鸟南归北迁的重要停歇地和中国最大的野生东方白鹳人工招引繁殖基地。湿地生境栖息地是评估生物多样性维持功能的重要参考。该保护区内珍稀物种数目大于 10 种，整个保护区面积大于 100 km^2，依据重要物种栖息地功能级别划分标准（肖笃宁等，2001），界定洪河国家级自然保护区物种栖息地功能级别为四级（表 6-27）。通过查阅国家统计局数据，对 2001 年设施与机构控制成本进行数据修正。调查显示，2001 年国内生产总值约为 1.1×10^5 亿元（黑龙江省统计局，2010），2009 年国内生产总值约为 3.4×10^{13} 元（黑龙江省统计局，2010）。2001 年美元兑人民币汇率中间价为 8.28 元（中国外汇管理局，2010），由此建立以下方程：

$$C_{2001} \times P_{ri} \times \frac{1}{GDP_{2001}} = C_{2009} \times \frac{1}{GDP_{2009}} \qquad (6-115)$$

式中，四级标准下 C_{2001}——2001 年设施与机构控制成本（美元）；

$\qquad$ P_{ri}——2001 年美元兑人民币汇率的中间价（元）；

$\qquad$ GDP_{2001}——2001 年中国国内生产总值（元）；

$\qquad$ GDP_{2009}——2009 年中国国内生产总值（元）；

$\qquad$ C_{2009}——修正后的 2009 年设施与机构控制成本（元）。

依据保护区面积比例与设施与机构控制成本关系，建立的方程如下：

$$\frac{S_{nr}}{S} = \frac{C}{C_{2009}} \qquad (6-116)$$

式中，S_{nr}——保护区面积（km^2），约 237 km^2；

$\qquad$ S——表 6-27 中四级标准面积（km^2）；

$\qquad$ C——2009 年洪河国家级自然保护区设施与机构控制成本（元），经核算约为 633×10^4 元。

至 2009 年，国家用于洪河保护区湿地保护工程建设的资金已达 915×10^4 元，其中，包括蓄水坝工程、进水控制闸工程和鸟类生态监测站。综上所述，2009 年实际累计投资为 2009 年洪河国家级自然保护区设施与机构控制成本和保护区湿地保护工程建设资金之和，总计 1548×10^4 元。由于生物多样性价值受限于人的支付能力，依据发展阶段系数计算公式：

$$k = e^t / (e^t + 1) \qquad (6-117)$$

表 6-27　湿地提供重要物种栖息地功能级别划分标准和生态效益

级别	面积（km²）	珍稀物种种数（种）	设施与机构控制成本（×10⁴ 美元）
1	>100000	>10	>10000
2	>10000	>8	>1000
3	>1000	>4	>100
4	>100	>2	>10
5	<100	<2	<10

式中，k——发展阶段系数；

　　　e——自然对数的底；

其中，$t=T-3=1/En-3$（T 为黑龙江省农村与城市恩格尔系数平均值的倒数，$En=33.35\%$），计算得出发展阶段系数 $k=0.50$。

最后，得到生物多样性维持价值是实际累计投资的 2 倍。

3. 文化、科研

在黑龙江省和国家重要科研基金项目支持下，截至 2009 年，保护区用于建设科研综合楼和动物标本展馆等基础设施的投资金额约为 1000×10^4 元。采用费用支出法，以国内湿地生态系统的平均科研经费 382 元/hm²（辛琨和肖笃宁，2002）与洪河国家级自然保护区沼泽面积之积作为开展文化科研活动的价值（许妍等，2010），则文化科研功能价值为开展科研活动价值与基础建设投资之和。

三、评价结果

对水源涵养、气候调节等 9 项生态系统服务的价值评估结果表明：① 2009 年，9 项生态系统服务创造的经济价值为 34274 万元，占洪河地区 GDP 产值的 29%，其中，直接使用价值和间接使用价值分别为 5240 万元和 29034 万元，间接使用价值是直接使用价值的 6 倍；②每单位面积沼泽生态系统提供的服务价值约为 5 万元／hm^2；9 项生态系统服务按其价值从大到小排序依次为：气候调节、洪水调蓄、大气成分调节、土壤养分保持、生物多样性维持、休闲旅游、水源涵养、文化科和物质生产（表 6-28）。

表 6-28　洪河国家级自然保护区沼泽生态系统各项服务价值汇总

功能类型	价值量（× 10^4 元）	占总价值比重（%）
物质生产	772	2.00
水源涵养	2176	6.00
休闲旅游	2292	7.00
气候调节	7591	22.00
洪水调蓄	6902	20.00
大气成分调节	5700	17.00
土壤养分保持	4467	13.00
生物多样性维持	3096	9.00
文化科研	1278	4.00
总计	37274	100.00

第八节　鄱阳湖湿地

一、研究区概况

鄱阳湖是我国最大的内陆淡水湖，它承纳赣江、抚河、信江、饶河、修河五大河，流域面积为 16.22 万 km²，其中江西境内面积 15.7 万 km²，占江西省国土面积的 94.1%。鄱阳湖水系的年径流总量为 1460 亿 m³，占长江流域的 14.5%，占全国的 5.1%。入湖水量中，赣江比重第一，占 55.0%；信江第二，占 14.4%；抚河第三，占 12.1%；饶河、修水分别占 9.3%、9.2%。同时，鄱阳湖也是长江干流重要的调蓄性湖沼，在中国长江流域中发挥着巨大的调蓄洪水和保护生物多样性等特殊生态功能，是我国十大生态功能保护区之一，对维系区域和国家生态安全具有重要作用。

鄱阳湖流域对接"长三角""珠三角"等中国经济最发达的地区，经济社会受"长三角""珠三角"辐射，与这些地区有着密切的联系。鄱阳湖是国际重要湿地，也是世界自然基金会划定的全球重要生态区之一。每年有 300 余种候鸟在鄱阳湖越冬，其中在此越冬的白鹤占全世界白鹤总数的 95%。鄱阳湖流域涉及江西省全部 11 个设区市，包括 10 个县级市、69 个县、10 个市区。2010 年，流域总人口为 4422.8 万人，流域 GDP 为 6452.93 亿元，人均 GDP 低于全国平均水平。

二、研究方法

（一）服务价值评价指标体系

在文献综述的基础上，确定鄱阳湖湿地生态系统的结构和组成，然后分析鄱阳湖湿地的利益相关者和受益人群。结合鄱阳湖湿地的水文动态及其数据的可获得性，分析分鄱阳湖湿地的主导服务功能。根据利益相关者对生态系统服务的实际需求和利用，确定生态系统最终服务和中间服务类型。针对物质生产、供水、航运、气候调节和生物多样性维持等 15 项生态服务功能进行服务价值评估，建立相应的价值评价指标体系（表 6-29）。

表 6-29　鄱阳湖生态系统服务价值评价指标体系及方法

类别	服务指标	评价参数	评估方法
最终服务	物质生产	芦苇 鱼类、虾类	市场价值法
	供水	供水量	市场价值法
	航运	航线货运	市场价值法
	水力发电	供电量	市场价值法
	调蓄洪水	湖沼调蓄水量	替代成本法
	水质净化	N 去除量 P 去除量	替代成本法
	气候调节	增湿 降温	影子价格法
	固碳	植被固碳	可避免成本法

类别	服务指标	评价参数	评估方法
最终服务	大气调节	氧气释放	市场价值法
		CH_4 排放	可避免成本法
	土壤保持	保肥	影子价格法
		减少泥沙淤积	替代成本法
		旅行费用	旅行费用法
	休闲娱乐	旅行时间	旅行费用法
		消费者剩余	影子价格法
中间服务	净初级生产力	NPP	影子价格法
	地下水补给	地下水补给量	影子价格法
	涵养水源	平均径流量	替代成本法
	生物多样性维持	生物多样性维持	支付意愿法

（二）服务价值评价方法

鄱阳湖湿地生态系统服务是鄱阳湖湿地环境提供的用来支持目前生产和消费活动的一种效益类型。其评价基础是人们对于环境改善的支付意愿，或是从支付意愿或接受赔偿意愿等。根据鄱阳湖服务价值的不同获得途径以及数据的可获得性等，选取适当的服务价值评估方法，见表6-29。鄱阳湖湿地生态系统服务价值的评价方法主要包括市场价值法、替代成本法、影子价格法、可避免成本法、旅行费用法和支付意愿法等，具体计算方法和公式参见第四章，数据来源基准年为2011年。

三、评价结果

2011 年，鄱阳湖湿地生态系统服务功能的总价值为 718.35×10^8 元（表 6-30），其中，供水功能贡献最大，占到总价值的 29.41%，其次是调蓄洪水和水质净化，航运价值最小。由此可见，鄱阳湖是长江中游重要的供水、调蓄洪水和水质净化湿地，具有重要的服务功能；对长江洪峰的调蓄、改善区域环境质量等方面具有十分重要的作用。

表 6-30   2011 年鄱阳湖湿地生态系统服务价值

服务	最终服务		服务	中间服务	
	价值（亿元）	比例（%）		价值（亿元）	比例（%）
物质生产	10.47	1.46	净初级生产力	61.89	45.96
供水	211.24	29.41	涵养水源	2.02	1.50
航运	1.22	0.17	生物多样性维持	70.75	52.54
水力发电	6.98	0.97	总计	134.66	100
调蓄洪水	168.36	23.44			
大气调节	38.14	5.31			
固碳	41.28	5.75			
休闲娱乐	36.21	5.04			
科研教育	6.52	0.91			
水质净化	153.71	21.40			
土壤保持	5.87	0.82			
气候调节	38.35	5.34			
总计	718.35	100.00			

参考文献

《中国物价年鉴》编辑部，2013. 中国物价年鉴 2012[M]. 北京：中国物价年鉴 .

何浩，潘耀忠，申克建，等，2012. 北京市湿地生态系统服务功能价值评估 [J]. 资源科学，34（5）：844-854.

蔡茂良，2012. 浆纸市场步入低迷造纸行业形势十分严峻 [EB/OL]. http：//www.bzetc.gov.cn/html/hygl/2012-6/26/2012_06_26_728.html.

曹生奎，曹广超，陈克龙，等，2013. 青海湖湖泊水生态系统服务功能的使用价值评估 [J]. 生态经济，（9）：163-180.

陈亚宁，杜强，陈跃滨，等，2013. 博斯腾湖流域水资源可持续利用研究 [M]. 北京：科学出版社，1-304.

邓茂林，田昆，杨永兴，等，2010. 高原湿地若尔盖国家级自然保护区景观变化及其驱动力 [J]. 生态与农村环境学报，26（1）：58-62.

高清竹，万运帆，李玉娥，2007. 基于 CASA 模型的藏北地区草地植被净第一性生产力及其时空格局 [J]. 应用生态学报，18（11）：2526-2532.

国家林业局 . 2008. 森林生态系统服务功能评估规范（LY/T 1721—2008）[S]. 北京：中国标准出版社 .

韩德梁，2010. 丹江口库区生态系统服务价值化研究 [D]. 北京：北京林业大学 .

郝美玉，王学志，侯元生，2012. 环青海湖湿地调查与遥感分类 [J]. 湿地科学与管理，6（8）：41-44.

何介南，康文星，袁正科，2009. 洞庭湖湿地污染物的来源分析 [J]. 中国农学通报，25（17）：239-244.

黑龙江省统计局，2010. 黑龙江统计年鉴 [M]. 北京：中国统计出版社 .

胡光印，董治宝，魏振海，等，2009. 近 30 年来若尔盖盆地沙漠化时空演变过程及成因分析 [J]. 地球科学进展，24（8）：908-916.

湖南省统计局，2011. 湖南统计年鉴 2011[M]. 北京：中国统计出版社 .

黄璞祎，2010. 扎龙湿地 CO_2 和 CH_4 通量研究 [D]. 哈尔滨：东北林业大学 .

江波，欧阳志云，苗鸿，等，2011. 海河流域湿地生态系统服务功能价值评价 [J]. 生态学报，31（8）：2236-2244.

姜明，吕宪国，许林书，等，2005. 湿地抗自然力侵蚀效益评估 —— 以莫莫格国家级自然保护区为例 [J]. 东北林业大学学报，6：67-68，95.

靳晓莉，程根伟，麻泽龙，等，2012. 川中丘陵区李子溪流域土壤侵蚀模拟研究 [J]. 四川农业大学学报，30（1）：56-59.

赖敏，吴绍洪，戴尔阜，等，2013. 三江源区生态系统服务间接使用价值评估 [J]. 自然资源学报，28（1）：38-50.

兰文辉，阿比提，安海燕，2003. 新疆博斯腾湖流域水环境保护与治理 [J]. 湖泊科学，15（2）：147-152.

李东海，2008. 基于遥感和 gis 的东莞市生态系统服务价值评估研究 [D]. 广州：中山大学.

李菲菲，2008. 平原土于区水体生态服务功能定量分析方法研究 [D]. 扬州：扬州大学.

李金昌，1999. 生态价值论 [M]. 重庆：重庆大学出版社.

李金诚，2004. 博斯腾湖水环境质量演变及管理研究 [D]. 南京：南京大学.

李景保，常疆，李杨，等，2007. 洞庭湖流域水生态系统服务功能经济价值研究 [J]. 热带地理，27（4）：311-316.

李胜男，崔丽娟，宋洪涛，等，2012. 不同湿地植物土壤氮，磷去除能力比较 [J]. 生态环境学报，21（11）：1870-1874.

李巍，李文军，2003. 用改进的旅行费用法评估九寨沟的游憩价值 [J]. 北京大学学报（自然科学版），39（4）：548-553.

李文华，欧阳志云，赵景柱，2002. 生态系统服务功能研究 [M]. 北京：气象出版社.

李文华，2008. 生态系统服务功能价值评估的理论，方法与应用 [M]. 北京：中国人民大学出版社.

刘宝元，2001. 土壤侵蚀预报模型 [M]. 北京：中国科学技术出版社.

刘大庆，许士国，2006. 扎龙湿地水量平衡分析 [J]. 自然资源学报，21（3）：341-348.

刘树元，阎百兴，王莉霞，2011. 潜流人工湿地中植物对氮磷净化的影响 [J]. 生态学报，31（6）：1538-1546.

刘晓丽，赵然杭，曹升乐，2007. 城市水系生态系统服务功能价值评估初探 [C]// 中国水论坛.

吕玉哲，2007. 扎龙湿地生态功能研究 [D]. 哈尔滨：东北林业大学.

秦紫东，2007. 扎龙湿地地下水资源评价 [J]. 黑龙江水利科技，35（4）：85-87.

任立良，陈喜，章树安，2008. 环境变化与水安全 [M]. 北京：中国水利水电出版社 .

任志远，张艳芳，2003. 土地利用变化与生态安全评价 [M]. 北京：科学出版社 .

宋长春，2012. 中国生态系统定位观测与研究数据集湖泊湿地海湾生态系统——黑龙江
三江站 [M]. 北京：中国农业出版社 .

田应兵，2005. 若尔盖高原湿地不同生境下植被类型及其分布规律 [J]. 长江大学学报（自
然科学版），2（2）：1-5.

万鹏，王庆安，李昭阳，等，2011. 根据土壤蓄水能力探讨若尔盖重要生态服务功能区
的水源涵养功能 [J]. 四川环境，30（5）：121-123.

王德宣，2010. 若尔盖高原泥炭沼泽二氧化碳、甲烷和氧化亚氮排放通量研究 [J]. 湿地
科学，8（3）：220-224.

王凤珍，周志翔，郑忠明，2010. 武汉市典型城市湖泊湿地资源非使用价值评价 [J]. 生
态学报，30（12）：3261-3269.

王娟，马文俊，陈文业，2010. 黄河首曲——玛曲高寒湿地生态系统服务功能价值估算
[J]. 草业科学，1：25-30.

王其翔，2009. 黄海海洋生态系统服务评估 [D]. 青岛：中国海洋大学 .

王伟，陆健健，2005. 三垟湿地生态系统服务功能及其价值 [J]. 生态学报，25（3）：
404-407.

吴平，付强，2008. 扎龙湿地生态系统服务功能价值评估 [J]. 农业现代化研究，29（3）：
335-337.

夏军，左其亭，邵民诚，2003. 博斯腾湖水资源可持续利用——理论·方法·实践 [M].
北京：科学出版社 .

向雪梅，2006. 若尔盖湿地保护区地下水运动特征 [D]. 成都：四川大学 .

肖笃宁，胡远满，李秀珍，2001. 环渤海三角洲湿地的景观生态学研究 [M]. 北京：科学
出版社 .

辛琨，肖笃宁，2002. 盘锦地区湿地生态系统服务价值估算 [J]. 生态学报，22（8）：
1345-1349.

徐宏伟，王效科，欧阳志云，2005. 三江平原小叶章湿地生态系统对氮磷的净化效率 [J].
农村生态环境，21（4）：38-42.

许妍，高俊峰，黄佳聪，2010. 太湖湿地生态系统服务功能价值评估 [J]. 长江流域资源与环境，19（6）：646-652.

余新晓，吴岚，饶良懿，等，2008. 水土保持生态服务功能价值估算 [J]. 中国水土保持科学，6（1）：83-86.

袁正科，2008. 洞庭湖湿地资源与环境 [M]. 长沙：湖南师范大学出版社.

张和钰，陈传明，郑行洋，等，2013. 漳江口红树林国家级自然保护区湿地生态系统服务价值评估 [J]. 湿地科学，11（1）：108-113.

张天华，陈利顶，黄琼中，等，2005. 西藏拉萨拉鲁湿地生态系统服务功能价值估算 [J]. 生态学报，25（12）：3176-3180.

张晓云，吕宪国，沈松平，等，2008. 若尔盖高原湿地区主要生态系统服务价值评价 [J]. 湿地科学，6（4）：466-472.

张修峰，刘正文，谢贻发，等，2007. 城市湖泊退化过程中水生态系统服务功能价值演变评估 —— 以肇庆仙女湖为例 [J]. 生态学报，27（6）：2349-2354.

张志明，1990. 计算蒸发量的原理与方法 [M]. 成都：成都科技大学出版社.

赵传冬，刘国栋，杨柯，等，2011. 黑龙江省扎龙湿地及其周边地区土壤碳储量估算与 1986 年以来的变化趋势研究 [J]. 地学前缘，6：27-33.

赵魁义，1999. 中国沼泽志 [M]. 北京：科学出版社.

赵同谦，欧阳志云，贾良清，等，2004. 中国草地生态系统服务功能间接价值评价 [J]. 生态学报，24（6）：1101-1110.

中国城镇供水排水协会，2010. 城市供水统计年鉴 2010[M]. 北京：中国城镇供水排水协会.

中国外汇管理局，2009. 中国外汇管理年报 2009[M]. 北京：国家外汇管理局.

周德民，宫辉力，2007. 洪河保护区湿地水文生态模型研究 [M]. 北京：中国环境科学出版社.

周伏建，黄炎和，1995. 福建省降雨侵蚀力指标 R 值 [J]. 水土保持学报，9（1）：13-18.

周广胜，张新时，1995. 自然植被净第一性生产力模型初探 [J]. 植物生态学报，19（3）：193-200.

朱文泉，潘耀忠，何浩，等，2006. 中国典型植被最大光利用率模拟 [J]. 科学通报，51（6）：700-706.

朱文泉，潘耀忠，龙中华，等，2005. 基于 GIS 和 RS 的区域陆地植被 NPP 估算 —— 以中国内蒙古为例 [J]. 遥感学报，9（3）：300-307.

朱文泉，潘耀忠，张锦水，2007. 中国陆地植被净初级生产力遥感估算 [J]. 植物生态学报，31（3）：413-42.

Coex S，West S G，Aiken L S，2009. The analysis of count data: a gentle introduction to poisson regression and its alternatives [J]. Journal of Personality Assessment，91（2）：121-136.

De Groot R，Brander L，van der Ploeg S，et al，2012. Global estimates of the value of ecosystems and their services in monetary units[J]. Ecosystem Services，1（1）：50-61.

Jenkins W A，Murray B C，Kramer RA，et al，2010. Valuing ecosystem services from wetlands restoration in the mississippi alluvial valley[J]. Ecological Economics，69（5）：1051-1061.

Klein A-M，Vaissiere B E，Cane J H，et al，2007. Importance of pollinators in changing landscapes for world crops[J]. Proceedings of the Royal Society B: Biological Sciences，274（1608）：303-313.

Qian C，Linfei Z，2012. Monetary value evaluation of linghe river estuarine wetland ecosystem service function[J]. Energy Procedia，14（0）：211-216.

Running S W，Thornton P E，Nemani R，et al，2000. Global terrestrial gross and net primary productivity from the Earth Observing SystemMethods in ecosystem science[M]. Springer New York，2000：44-57.

Shrestha R，Seidi A F，Moraes A S，2002. Value of recreational fishing in the Brazilian Pantanal: a A travel cost analysis using count data models [J]. Ecological Economics，42（1-2）：289-299.

Van der Heide C M，Van den Bergh J C J M，Van Ierland E C V，et al，2008. Economic valuation of habitat defragmentation: A study of the Veluwe，the Netherlands [J]. Ecological Economics，67（2）：205-216.

Ver Hoef J M，Boveng P L，2007. Quasi-Poisson vs. negative binomial regression: how How should we model overdispersed count data？[J]. Ecology，88（11）：2766-2772.

Williams J，Renard K，Dyke P，1983. Epic: A new method for assessing erosion's effect on soil productivity[J]. Journal of Soil and water Conservation，38（5）：381-383.

Wilson SJ，2012. Canada's Wealth wealth of Natural natural Capitalcapital: Rouge National national Park park [EB/OL]. http: //www.davidsuzuki.org/publications/downloads/2012/report_

Rouge_Natural_Capital_web.pdf.

Zhu L，Chen Y，Gong H，et al，2011. Economic value evaluation of wetland service in yeyahu wetland nature reserve，beijing[J]. Chinese Geographical Science，21（6）：744-752.

第 七 章

湖沼湿地生态
系统服务变化
及其驱动机制

▲▲▲▲▲▲▲▲▲▲▲▲

张曼胤 摄

湿地生态系统是动态变化的，湿地生态系统功能也会随着生态系统的变化而变化。在目前阶段，人为干扰是影响湿地生态质量的关键性因素，直接影响着湿地生态系统服务价值。另外，构成湿地生态系统服务价值的供给服务、调节服务、支持服务和文化服务，不仅仅和湿地生态系统自身的变化密切联系，还与社会经济发展水平密切相关。社会经济发展水平高的地区，不仅物价水平较高，同时也是自然生态系统被强烈开发的地区，湿地作为一种功能多样的自然资源尤其显得更加珍贵，人们对保护湿地的意愿也更强烈。因此，在按照经济学方法核算湿地生态系统服务价值时，对单位面积湿地的价值核算更加突出。本章主要以人为干扰较为严重的白洋淀湿地为对象，对其主导功能服务价值进行分析，结合生态系统服务权衡关系理论，探讨其服务价值变化的驱动机制。

第一节　典型湖沼湿地生态系统服务变化

一、白洋淀湿地主导服务价值变化

（一）供给服务价值

1. 淡水产品价值

白洋淀水域广阔，盛产鱼虾，是华北平原最大的渔业生产基地。水产业一直是周边居民赖以生存的产业。随着水产业的发展，淀区发展了网箱、网围和围堤等养殖技术，水产品产量大量增加。2011年白洋淀淡水产品产量达30803 t，水产品产值 3.62×10^8 元，则白洋淀水产品单价为 1.17×10^4 元 /t。按此价格估算白洋淀1980~2007年淡水产品价值，变化趋势如图7-1。从图中可以看出，白洋淀淡水产品产值在经历1983~1988年5年干淀后，开始快速增加，2002年后淡水产品产量和价值趋于稳定。

2. 原材料生产价值

芦苇是白洋淀的主要景观类型，是白洋淀区人民赖以生存的主要经济作物。白洋淀芦苇收割后，40%上等芦苇用于打箔，单位芦苇价值为7000元 /t，40%中等芦苇用于编席，单位芦苇价值为4000元 /t，20%下等芦苇用于造纸，单位芦苇价值为300元 /t。2011年白洋淀芦苇产量 3.74×10^4 t，以此估算白洋淀原材料生产价值为 1.67×10^8 元。白洋淀原材料生产价值在1980~2007年整个时间序列反复波动，存在1985~1988年和2000~2006年两个明显下降的时段（图7-2）。

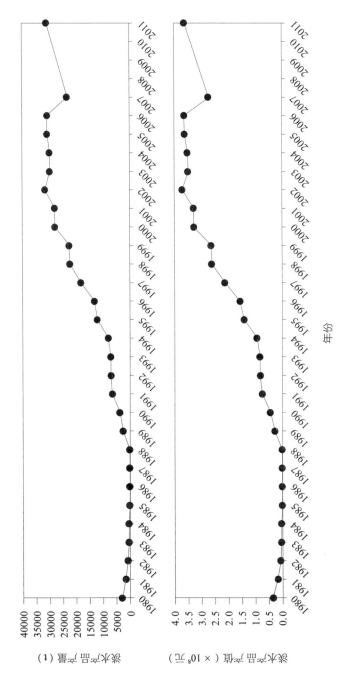

图 7-1 1980~2007 年淡水产品价值变化

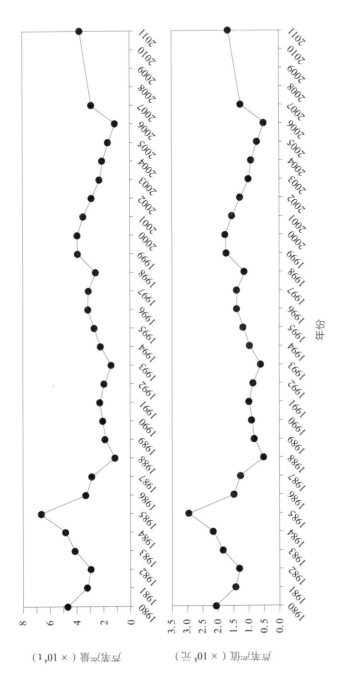

图 7-2 1980~2007 年原料材料生产价值变化

3. 水资源供给价值

白洋淀作为华北平原最大的淡水湿地，接纳来自上游八条河流的补给，不仅为周边居民生产生活提供水资源，而且由于地下水开采严重，白洋淀的渗漏损失对于地下水涵养也具有明显的作用。计算得到白洋淀 1980~2007 年多年平均补给地下水和供给生产生活用水总量为 $0.98 \times 10^8 \, m^3$，水价根据《全国水利发展统计公报》水利工程水价，取 0.5 元 $/m^3$，则白洋淀 1980~2007 年多年平均水资源供给价值为 0.49×10^8 元 $/a$，由于 2011 年数据缺乏，以此值作为 2011 年水资源供给价值。从图 7-3 中可以看出，1983~1988 年 5 年干淀间，白洋淀基本丧失水资源供给服务。2004~2007 年，由于入淀径流量减少，白洋淀也不提供水资源供给服务。

（二）调节服务价值

1. 调蓄洪水价值

白洋淀湿地是大清河流域重要的蓄滞洪区，承接大清河南支潴龙河、唐河、府河、漕河、瀑河、萍河、孝义河及北支白沟引河洪沥水，具有缓洪滞沥的重要功能。近年来由于白洋淀上游入淀径流量急剧减少，白洋淀的防洪功能并未得到充分发挥，其效益的产生取决于上游来水情况，而并非白洋淀生态环境变化对调蓄洪水服务的实际影响。从受益者的角度考虑，在白洋淀蓄水调水能力范围内，上游来水越多，则白洋淀调蓄洪水的价值越大。由于上游水利工程的建设、工农业用水的增加，白洋淀调蓄洪水服务已从空间上转移到上游，而这种空间上的转移虽然没有削弱对白洋淀下游的洪水调蓄，但是以牺牲白洋淀其他生态系统服务为代价的。考虑到白洋淀 1980~2007 年大多数年份入淀水量较少，本研究不对调蓄洪水的动态演变进行分析，只以 2012 年汛期为例，对白洋淀调蓄洪水服务进行评价。2012 年 7 月 26~27 日，水位从 $6.65 \, m$ 急剧上升为 $7.43 \, m$，以此作为第一次洪水发生周期，计算该时间调蓄洪水量为 $0.81 \times 10^8 \, m^3$。除此之外，从 7 月 30 日到 9 月 30 日，水位一直保持增加或稳定趋势（图 7-4）。以 9 月 30 日水位对应的蓄水量 $2.90 \times 10^8 \, m^3$ 和 7 月 30 日水位对应的蓄水量 $1.26 \times 10^8 \, m^3$ 之差作为第二次洪水发生周期内调蓄洪水量，为 1.64×10^8 m^3。由此得到 2012 年白洋淀调蓄洪水总量为 $2.45 \times 10^8 \, m^3$，单位库容水库造价 6.11 元 $/t$。则白洋淀调蓄洪水价值为 14.97×10^8 元，以此作为 2011 年调蓄洪水价值。

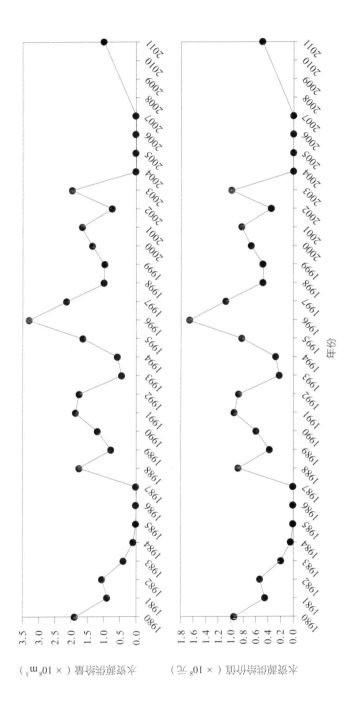

图 7-3 1980~2007 年水资源供给价值变化

2. 气候调节价值

水体和芦苇是白洋淀主要景观类型，通过生物地球化学循环（温室气体调节）和生物物理过程（水分和能量调节）影响近地表空气温度和湿度，为居住在湖沼一定范围内的居民提供效益。本研究主要计算白洋淀水体蒸发吸收热量降低温度的价值。白洋淀 1980~2007 年多年平均水面蒸发量为 $1.21 \times 10^8 \ m^3$，其中 6~9 月蒸发量为 $0.58 \times 10^8 \ m^3$。电价取安新县一般工商业电价 0.67 元 / （kW·h），降温价值按 6~9 月总蒸发量计算。评估得到白洋淀降温价值为 80.77×10^8 元，则白洋淀气候调节价值为 80.77×10^8 元 /a。1980~2007 年白洋淀在水面面积的反复波动下，气候调节价值不断变化，1984~1987 年干淀期间，白洋淀基本上不提供气候调节服务。近些年，白洋淀气候调节服务总体上呈下降趋势（图 7-5）。

3. 固碳价值

白洋淀 2011 年芦苇产量为 3.74×10^4 t，以此数据估算白洋淀固碳价值，根据光合作用方程，植物每生产 1 kg 干物质，能固定 1.63 kg CO_2，并向空气中释放 1.2 kg O_2。计算得到白洋淀 2011 年固碳量为 1.66×10^4 t，CO_2 造林成本为 1320 元 /t 碳，则 2011 年白洋淀固碳价值为 0.22×10^8 元。白洋淀固碳价值变化如图 7-6。

（三）文化服务价值

1. 休闲娱乐价值

为研究白洋淀休闲娱乐价值，于 2012 年 5 月在白洋淀文化苑景区对游客进行拦截式面访调查，发放问卷 205 份，由于部分问卷关键信息回答不清楚或不完全，最后用于计算休闲娱乐价值的有效问卷为 182 份。根据调查结果，被访者的年平均旅游次数为 1.48 次，平均年龄为 34.23 岁，而且有 60% 以上的被访者学历达到大专和本科以上水平，被访者对生物多样性保护有非常高的关心程度。主要包括人均旅行费用支出、时间成本和消费者剩余。

人均旅行费用支出：根据问卷调查，统计游客在白洋淀旅游过程中所发生的全部

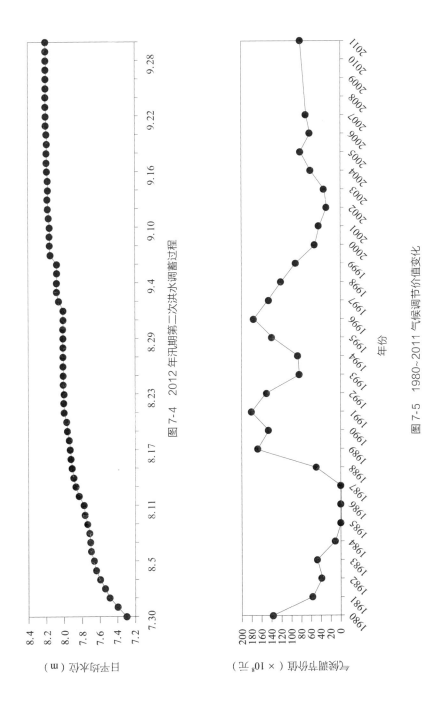

图 7-4 2012 年汛期第二次洪水调蓄过程

图 7-5 1980~2011 气候调节价值变化

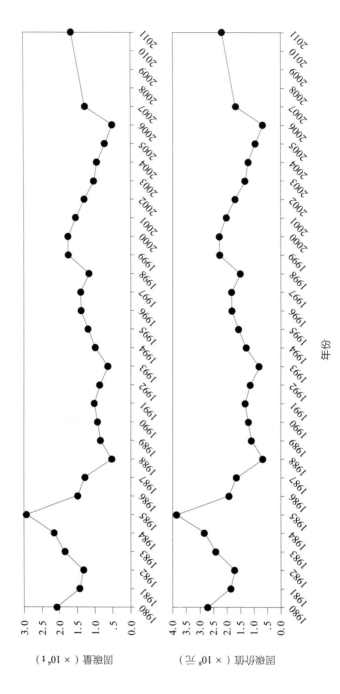

图 7-6 1980~2011 年固碳价值变化

费用，求得游客在白洋淀景区的人均旅行费用支出为343.33元／次。

人均时间成本：根据问卷调查，统计游客在白洋淀旅游过程中的全部时间，时间价值按照游客的日工资率的30%进行计算，求得游客在白洋淀景区的人均时间成本为52.47元／次。

人均消费者剩余：采用个体旅行费用模型估算游客消费者剩余价值，考虑到因变量（游客旅行次数）为非负整数，可能存在过度分布和零截断问题，选用标准分布泊松回归模型、过度分布泊松回归模型、负二项式分布模型及零截断泊松回归模型进行模拟，从对数函数最大似然值和AIC值可以看出，零截断泊松回归模型优于其他模型。因此采用零截断泊松回归模型估算消费者剩余价值。估算得到白洋淀游客人均消费者剩余为578.03元／次。

白洋淀2011年旅游人次达135×10^4人次，根据人均旅行费用支出、人均时间成本、人均消费者剩余，得到2011年白洋淀休闲娱乐价值为13.15×10^8元。1980~2011年，随着旅游业和社会经济的发展，公众对旅游资源的需求越来越大，白洋淀休闲娱乐价值不断增加（图7-7）。

2. 生物多样性与景观资源保护价值

采用支付卡式条件价值法对白洋淀生物多样性与景观资源保护非使用价值进行评价，分别于2012年5月、2012年9月、2013年8月在白洋淀文化苑景区、荷花大观园景区对游客进行拦截式面访调查，发放问卷440份，由于部分问卷关键信息回答不清楚或不完全，回收有效问卷401份进行非使用价值评估。于2012年5月对安新县居民进行入户调查，发放问卷141份，回收有效问卷129份。

游客非使用价值：在最后用于游客非使用价值计算的401份问卷中，有支付意愿的个体数为248，支付意愿率为61.85%。不愿意支付的个体中，抗议性支付比例为56.60%（表7-1），因此支付意愿比例按83.44%进行计算。利用表数据，采用区间式对数正态分布模型估算得到白洋淀景区游客的人均支付意愿值（区间中值平均值）为11.31元／月。白洋淀2011年旅游人次为135×10^4人次，被访者平均旅游次数为1.52次/a，假定每4个游客中有1个小孩，没有任何支付能力，而且游客中有7.04%来自于安新，考虑其与安新县居民存在重叠，剔掉该部分支付群体，得到游客支付群体数为61.92×10^4人。计算得到白洋淀生物多样性和景观资源保护非使用价值为 0.70×10⁸ 元,其中选择价值 0.15×10⁸ 元,遗产价值 0.24×10⁸ 元,存在价值 0.31×10⁸ 元,人均非使用价值为 51.94 元。1980~2007 年白洋淀游客生物多样性和景观资源保护非使用价值变化如图 7-8。

安新县居民非使用价值:在最后用于分析的 129 份问卷中,分安新县县城居民和安新县乡镇居民进行非使用价值分析。①安新县城居民:在 46 份有效样本中,有支付意愿的个体数为 39,支付意愿率为 84.78%,其中不愿意支付的个体中,抗议性支付比例为 37.50%(表 7-1),因此支付意愿比例按 90.49% 进行计算。利用数据,采用区间式对数正态分布模型估算得到安新县县城居民的人均支付意愿值(区间中值平均值)为 11.89 元/月。安新县 2011 年县城总人口数为 2.90×10⁴ 人,没有支付能力的群体比例为 18.05%(年龄在 14 岁及以下),则总支付群体数为 2.37×10⁴ 人。结合公式计算得到白洋淀提供给安新县城居民的生物多样性和景观资源保护非使用价值为 0.03×10⁸ 元,其中选择价值 0.003×10⁸ 元,遗产价值 0.014×10⁸ 元,存在价值 0.013×10⁸ 元(表 7-2)。②安新乡镇居民:在 83 份有效样本中,有支付意愿的个体数为 50,支付意愿率为 60.24%,其中不愿意支付的个体中,抗议性支付比例为

表 7-1 游客支付意愿选择

	支付意愿选择	频数	有效样本数	比例(%)	归一化比例(%)
愿意支付的原因	选择价值	70	248	28.2	21.21
	遗产价值	115	248	46.4	34.85
	存在价值	145	248	58.5	43.94
不愿意支付的原因	收入有限	49	153	32.0	25.0
	不关心生物多样性保护	3	153	2.0	1.5
	远离白洋淀湿地	33	153	21.6	16.8
	应由政府承担	77	153	50.3	39.3
	支付费用用不到保护上	34	153	22.2	17.3

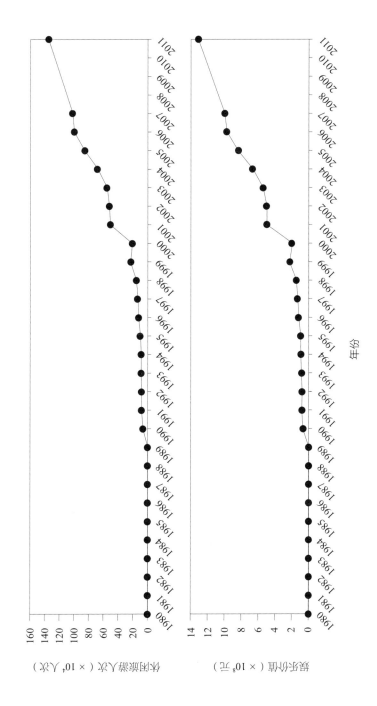

图 7-7   1980~2011 年休闲娱乐价值变化

表 7-2　不同利益相关者生物多样性和景观资源保护支付意愿

WTP 值（元 / 月）	游客		安新县城居民		安新乡镇居民	
	频数（人）	频率（%）	频数（人）	频率（%）	频数（人）	频率（%）
0	153	38.15	33	39.76	7	15.22
1~5	48	11.97	20	24.10	10	21.74
5~10	74	18.45	11	13.25	5	10.87
10~15	29	7.23	6	7.23	5	10.87
15~20	26	6.48	6	7.23	6	13.04
20~25	16	3.99	1	1.20	2	4.35
25~30	13	3.24	2	2.41	3	6.52
30~35	7	1.75	1	1.20	1	2.17
35~40	0	0.00	0	0.00	1	2.17
40~45	1	0.25	0	0.00	0	0.00
45~50	21	5.24	2	2.41	4	8.70
>50	13	2.2	1	1.20	2	4.35
合计	401	100.0	83	100.0	46	100.00

表 7-3　安新县城居民支付意愿选择

	支付意愿选择	频数	有效样本数	比例（%）	归一化比例（%）
愿意支付的原因	选择价值	6	50	12.0	9.09
	遗产价值	31	50	62.0	46.97
	存在价值	29	50	58.0	43.94

	支付意愿选择	频数	有效样本数	比例（%）	归一化比例（%）
不愿支付的原因	收入有限	12	33	36.4	21.4
	不关心生物多样性保护	5	33	15.2	8.9
	远离白洋淀湿地	6	33	18.2	10.7
	应由政府承担	23	33	69.7	41.1
	支付费用用不到保护上	10	33	30.3	17.9

表 7-4 安新乡镇居民支付意愿选择

	支付意愿选择原因	频数	总样本数	比例（%）	归一化比例（%）
愿意支付的原因	选择价值	7	39	17.9	14.58
	遗产价值	19	39	48.7	39.58
	存在价值	22	39	56.4	45.83
不愿支付的原因	收入有限	5	7	71.4	62.5
	不关心生物多样性保护	0	7	0.0	0.0
	远离白洋淀湿地	0	7	0.0	0.0
	应由政府承担	2	7	28.6	25.0
	支付费用用不到保护上	1	7	14.3	12.5

58.92%（表 7-3），因此支付意愿比例按 83.70% 进行计算。

利用数据，采用区间式对数正态分布模型估算得到安新县乡镇居民的人均支付意愿值（区间中值平均值）为 7.38 元／月。安新县 2011 年乡镇总人口数为 41.48×10^4 人，没有支付能力的群体比例为 18.05%（年龄在 14 岁及以下），则总支付群体数为 33.99×10^4 人。结合公式计算得到白洋淀提供给安新乡镇居民的生物多样性和景观资源保护非使用价值为 0.25×10^8 元，其中选择价值 0.04×10^8 元，遗产价值 0.10×10^8 元，存在价值 0.12×10^8 元。最后整合安新县城居民非使用价值和乡镇居民非使用价值得到安新县居民非使用价值总和为 0.28×10^8 元，人均非使用价值为 63.69 元。随着人口的增加，越来越多的居民愿意从个人收入中拿出一部分保护白洋淀，1980~2007 年安新县居民非使用价值逐渐增加（图 7-9）。

综合考虑游客和居民生物多样性和景观资源保护非使用价值，则白洋淀非使用价值为 0.98×10^8 元，其中存在价值 0.19×10^8 元，遗产价值 0.36×10^8 元，存在价值 0.44×10^8 元。白洋淀 1980~2007 年非使用价值变化趋势如图 7-9。

二、生态系统服务总价值

（一）年生态系统服务总价值

本研究在结合白洋淀湿地生态系统特征及其所在区域社会经济特征，在考虑白洋淀生态系统服务利益相关者的基础上，对白洋淀 2011 年生态系统最终服务价值进行了评价。根据本文的评估结果，2011 年白洋淀生态系统服务总价值为 115.87×10^8 元（表 7-5），其中气候调节服务是白洋淀提供的主导服务，占总价值的 69.71%。对所评价的 8 项生态系统最终服务按价值量排序，依次为气候调节＞调蓄洪水＞休闲娱乐＞淡水产品＞原材料生产＞生物多样性和景观资源保护＞水资源供给＞固碳。

（二）1980~2007 年生态系统服务总价值演变

本研究基于白洋淀监测数据和社会经济统计数据，对 1980~2011 年白洋淀生

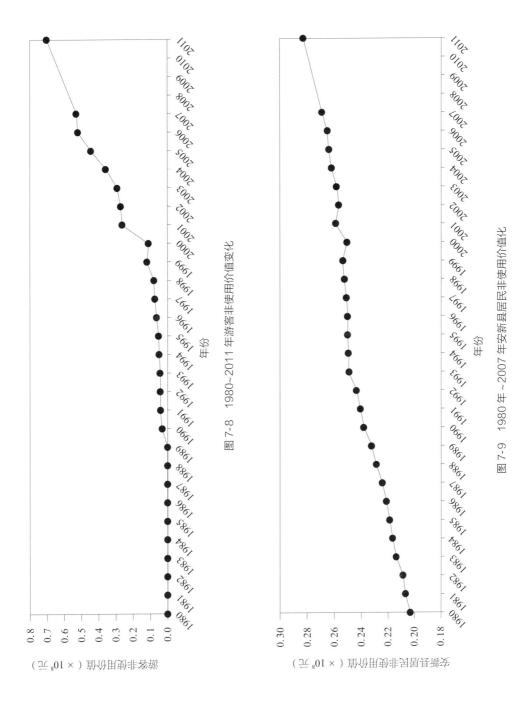

图 7-8 1980~2011 年游客非使用价值变化

图 7-9 1980 年~2007 年安新县居民非使用价值变化

态系统服务总价值变化趋势（不考虑调蓄洪水服务）进行了分析。从图 7-11 可以看出，白洋淀生态系统服务总价值整体上经历了几个下降、上升、下降、上升的变化趋势。白洋淀生态系统服务总价值最高值出现在 1991 年，达到 185.14×10^8 元。但 1984~1987 年干淀时期，白洋淀基本上不产生任何生态系统服务，总价值仅为 $1.68 \times 10^8 \sim 14.12 \times 10^8$ 元，其中 1987 年是白洋淀生态系统服务价值最低的时期，仅为 1996 年的 0.90%。白洋淀生态系统服务总价值在经历了 1996~2002 年连续的下降周期之后，服务价值开始有所增加并基本上趋于稳定。

表 7-5　白洋淀 2011 年生态系统服务价值

湿地生态系统 最终服务类型	物质量	价值量 （ $\times 10^8$ 元）	所占比例 （%）
淡水产品	30803 t	3.62	3.12
原材料生产	3.74×10^4 t（芦苇）	1.67	1.44
水资源供给	0.98×10^8 m^3	0.49	0.42
调蓄洪水	2.45×10^8 m^3	14.97	12.92
气候调节	0.56×10^8 m^3（蒸发量）	80.77	69.71
固碳	1.66×10^4 t	0.22	0.19
休闲娱乐	135×10^4 人次	13.15	11.35
生物多样性和景观资源保护		0.98	0.85
合计		115.87	100.00

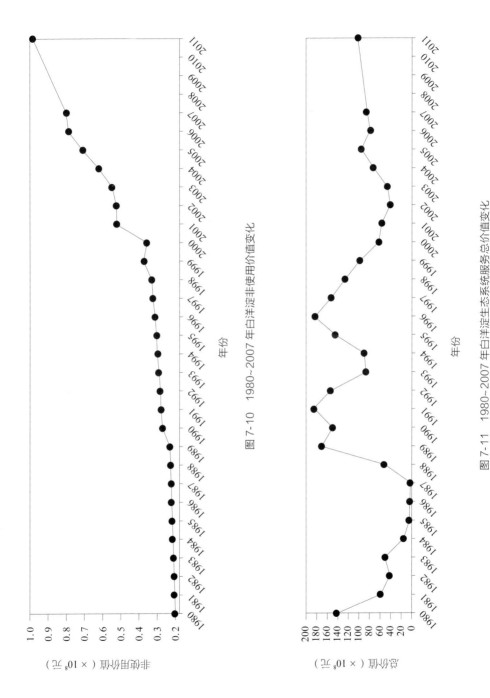

图 7-10 1980~2007 年白洋淀非使用价值变化

图 7-11 1980~2007 年白洋淀生态系统服务总价值变化

第二节　生态系统服务权衡关系

一、湿地生态系统服务权衡关系理论

湿地生态系统服务权衡的产生源于人类对湿地的管理，以此来改变湿地生态系统服务的类型、量级和其他相关服务。当湿地生态系统服务出现此消彼长的情况即各种服务之间存在冲突时，就需要对湿地生态系统服务进行权衡分析，目的是为了减少冲突增加协调作用。然而，由于人类忽略生态系统内部作用或自身知识限制判断错误，某些冲突无形之中就发生了。从湿地生态系统服务权衡的关键因素看，湿地生态系统服务权衡分为3种类型：空间权衡、时间权衡以及可逆权衡。由于生态系统服务的权衡通常是难以直接计算的，主要通过阈值分析、极值分析和多目标分析来权衡湿地生态系统服务。

湿地生态系统服务基于不同的受益者考虑，其相关性的主导服务功能也是不一样的。以辽宁省滨海湿地生态系统服务为例，主导的湿地生态系统服务功能相对不同的受益者——局地受益者、省域受益者、全国受益者和全球受益者是不一样的。本研究拟采用层次分析法来定性和定量地研究各个尺度受益者的主导服务功能。层次分析法主要是将复杂问题分解为若干层次和若干因素，对两两指标之间的重要程度做出判断，建立判断矩阵，通过计算判断矩阵的最大特征值以及对应特征向量，可得出不同生态系统服务重要性程度的权重。主要过程分为以下几个步骤：

第一，分层。首先将湿地受益者所涉及的尺度和生态系统服务分层，第一层：目标层（A）为辽宁省滨海湿地，第二层：受益者层（B）包括 4 个尺度，即 B={B$_1$，B$_2$，B$_3$，B$_4$}；第三层：生态系统服务层（C），包括与各级尺度受益者相关的生态系统服务功能，即 C={C$_1$，C$_2$，C$_3$，…，C$_n$}。

第二，确定各层次判断矩阵 P 及其标度。定义判断矩阵 $A=(a_{ij})_{m \times n}$ 是一致性矩阵，如果对所有 i，j，$k=1$，2，3，…，n，都有 $a_{ij}=\dfrac{a_{ik}}{a_{jk}}$，那么它具有入校性质。其中，$a_{ij}$ 代表因素 i，j 相对于其上一层因素的重要性的比例标度。判断矩阵的值反映了人们对各因素相对重要性的认识。为了使判断矩阵定量化，学者们一般采用 1~9 的比例标度对重要性进行赋值。

第三，层次单排序及一次性检验。层次判断矩阵 A 的特征向量为 W，最大特征根为 $\ddot{e}_{\max}$。计算判断矩阵每一行元素的乘积：$M_i=\prod\limits_{j=1}^{n} a_{ij}$，i=1，2，…，$n$，计算 M_i 的 n 次方根：$\overline{W_i}=\sqrt[n]{M_i}$，对向量 W 进行正规化计算：$\overline{W_i}=\overline{W_i}' \big/ \sum \overline{W_i}'$，求出特征向量 $W=[\overline{W_1}，\overline{W_2}，\overline{W_3}，…，\overline{W_n}]^{\mathrm{T}}$，判断矩阵的最大特征根：$\lambda_{\max}=\sum[(AW_i)/nW_i]$。式中，$(AW_i)$ 为 AW 的第 i 个元素。一致性检验指标 CR：$CR=CI/RI$，$CI=\dfrac{\lambda_{\max}-n}{n-1}$，式中：$CI$ 为偏离一致性指标；RI 为平均一致性指标。当 $CR=0$ 时，判断矩阵具有完全一致性；当 $CR<0.1$ 时，判断矩阵有满意的随机一致性；当 $CR>0.1$ 时，应调整判断矩阵，重新进行检验。

第四，层次总排序及一致性检验。层次总排序是指相对于上一层次而言的本层次所有指标的重要性权重值。若上一层次所有元素 A_j 的层次总排序所得到的权重值为 a_j，与 a_j 对应的 B 层次的单排序结果为 b_{ij}，那么层次总排序对应于 B_i 的权重值为：$\sum\limits_{j=1,i=1}^{m,n} a_j b_{ij}$，层次总排序的一致性检验如下式：$CR=\dfrac{CI}{RI}\dfrac{\sum\limits_{j=1}^{m} a_j CI_j}{\sum\limits_{j=1}^{m} a_j RI_j}$。层次总排序的 CR 判断标准与单层次排序相同。

通过上述方法，满足一致性检验，可得出所求各生态系统服务指标的权重，根据权重值，对不同受益者关心的生态系统服务进行排序，确定不同受益者的主导服务功能。

二、生态系统服务权衡关系

本研究以白洋淀生态系统服务相关分析为主，通过权衡关系理论分析，其分析结果表明（表7-6）淡水产品服务、休闲娱乐服务及生物多样性和景观资源保护3项服务之间呈极显著的正相关（$P<0.01$）。原材料生产服务和固碳服务之间呈极显著的正相关（$P<0.01$），水资源供给服务和气候调节服务之间呈极显著的正相关（$P<0.01$）。除此以外，其他服务之间没有显著的相关性（$P>0.05$）。将1980~2007年整个时间序列划分为1980s（1980~1989年）、1990s（1990~1999年）、2000s（2000~2007年），并将1980s、1990s、2000s对应的平均值与1980~2007年整个时间序列的平均值进行比较分析。结果表明，总体上1980s原材料生产价值和固碳价值高于1990s和2000s。而1980s水产品价值、休闲娱乐价值及非使用价值明显低于1990s和2000s。相比于1980s，水资源供给服务和气候调节服务在经历了1990s的增加后，于2000s又开始下降。

三、生态系统服务驱动力分析

从表7-6可以看出，淡水产品服务、休闲娱乐服务、非使用价值与时间呈极显著的正相关（$P<0.01$）。随着社会经济的发展和人口的增加，利益相关者对生态系统服务的需求不断增加，不仅促进了渔业和旅游业的发展，湿地生物多样性和景观资源保护的受益群体也越来越多，使得3项服务在1980~2007年整个时间序列表现为显著的增加趋势（$P<0.01$）。受人口等因素不断增加的影响，原材料生产服务和固碳服务在整个时间序列表现为显著的下降趋势（$P<0.05$）。水资源供给服务和气候调节服务2项服务与水面面积呈极显著正相关（$P<0.01$），受水面面积不断变化的影响，2项服务在1980~2007年整个时间序列上也反复波动。

表 7-6 生态系统服务权衡关系及驱动力分析

	年份	淡水产品	原材料生产	水资源供给	气候调节	固碳	休闲娱乐	非使用价值	总价值	水面面积	总人口	灌溉面积
年份	1											
淡水产品	0.932**	1										
原材料生产	-0.408*	-0.250	1									
水资源供给	-0.024	-0.013	-0.068	1								
气候调节	0.072	0.018	-0.325	0.609**	1							
固碳	-0.410*	-0.256	0.999**	-0.087	-0.341	1						
休闲娱乐	0.851**	0.828**	-0.330	-0.279	-0.141	-0.329	1					
非使用价值	0.884**	0.850**	-0.352	-0.254	-0.112	-0.352	0.998**	1				
总价值	0.142	0.054	-0.342	0.603**	0.997**	-0.358*	-0.067	-0.038	1			
水面面积	0.079	-0.019	-0.362	0.611**	0.975**	-0.374*	-0.154	-0.121	0.971**	1		
总人口	0.973**	0.850**	-0.480**	0.043	0.202	-0.483**	0.752**	0.794**	0.264	0.215	1	
灌溉面积	0.919**	0.873**	-0.170	0.212	0.222	-0.181	0.707**	0.733**	0.289	0.171	0.924**	1

注：** 相关系数在 0.01 的概率水平下显著；* 相关系数在 0.05 的概率水平下显著。

第三节 湖沼湿地生态系统服务变化驱动机制分析
　　——以白洋淀为例

一、湖沼湿地生态系统服务功能变化人为因素分析

（一）研究方法

本研究采用主成分分析法和因子分析法对影响中国湿地退化的人为影响因素进行评价。主成分分析法是首先由 K. Pearson 于 1901 年提出，再由 Hoteling 于 1993 年加以发展的一种多变量统计方法。本书采用主成分回归分析方法建立模型，主成分回归的原理是用主成分分析提取的主成分与因变量回归建模。由于主成分间具有不相关性，并且能较好地反映原来众多相关性指标的综合信息，因此，用主成分作为新的自变量进行回归分析使得回归方程及参数估计更加可靠。本研究应用主成分分析法对影响中国湿地退化的人为因素进行主成分提取；按照 SPSS 17.0 软件主成分分析法中贡献率提取出若干主成分，进一步作主成分回归分析，建立相应模型并量化各影响因子的作用。

（二）湿地退化的人为影响因素

1.指标选取

国内外多数学者对湿地退化的原因进行过分析，普遍认为人为因素直接影响着湿地生态系统的退化，其中直接原因主要有基础设施建设、土地开垦、引水、富营

化、污染、过度捕捞、过度利用以及外来物种的引入，主要间接原因是人口增长和经济发展加快（Davis，1999）。中国由于地域辽阔，经济发展水平不一样，地区间差异明显，这样必然会对湿地退化产生不同程度的影响，但归根结底都是湿地周边区域发展带来的影响。研究根据国内外学者研究的有关成果（张晓龙，2004），在咨询有关部门及湿地保护领域专家的基础上，确定了中国湿地退化的人为影响指标体系（表7-7）。本研究认为影响中国湿地退化的自然因素是决定湿地退化的根本因素；社会经济发展中的人为因素则反映人类的生产生活活动对湿地资源的占用和干扰，从而直接影响着湿地退化；另外，政策管理因素是中国湿地退化的间接因素，由于种种原因，中国的自然保护区条例大多是根据森林生态类型制定的。

表 7-7　中国湿地退化的人为影响因素指标体系

影响因子	符号	影响因子	符号
农村人口数量	B_1	农业化肥用量	B_8
城镇人口数量	B_2	城市建成区面积[①]	B_9
公路里程	B_3	大牲畜存栏数量	B_{10}
营业铁路里程	B_4	淡水水产品数量	B_{11}
水库库容	B_5	耕地面积	B_{12}
生活污水排放量	B_6	旅游业产值	B_{13}
工业废水排放量	B_7		

注：建成区面积指市行政区范围内经过征用的土地和实际建设发展起来的非农业生产建设地段，它包括市区集中连片的部分以及分散在近郊区与城市有着密切联系、具有基本完善的市政公用设施的城市建设用地（如机场、铁路编组站、污水处理厂、通讯电台等）（《中国统计年鉴2010》）。

2. 数据处理

根据1990~2009年相关统计年鉴的整理数据，运用中文版SPSS17.0软件对研究的13个指标数据进行主成分分析，结果表明特征根大于1的主成分共有3个（FAC_1、

FAC_2 和 FAC_3）（表 7-8），累积贡献率高达 80.087%。按照主成分累计贡献率要求大于 80% 的原则（贾丽艳，2010），说明这 3 个主成分能够比较全面地解释本研究中设定的 13 个湿地退化的主要人为影响指标。

表 7-8　湿地退化人为影响因素主成分的方差贡献贡献率（%）

主成分	方差极大正交旋转后方差贡献		
	特征值	贡献率（%）	累计贡献率（%）
FAC_1	6.566	43.082	43.082
FAC_2	2.839	27.743	70.825
FAC_3	1.123	10.162	80.087

其中，KMO 检验值为 0.707（表 7-9），基本认为所取样本足够，Bartlett 检验经过零假设，即最后 13－3＝10 个分量均等于零或不显著地大于零。另外，Bartlett 球形检验统计量的 Sig<0.01，可以否定相关矩阵为单位阵的零假设，即认为各变量之间存在着相关性。因此本研究主成分模型有效，可以进行下一步分析。

表 7-9　KMO 和 Bartlett 检验

KMO 和 Bartlett 检验		标度
取样足够度的 Kaiser-Meyer-Olkin 度量		0.707
Bartlett 的球形度检验	近似卡方	427.572
	df	78
	Sig.	0.000

3. 主成分因子旋转空间解析

经过 SPSS 17.0 软件处理后，得到因子碎石图，即主成分因子经过旋转后的因子载荷散点图（图 7-12），是各因子关于前 3 个主成分载荷的三维图，实际上就是根据旋转成分矩阵中成分 1、成分 2 和成分 3 三列数据所作，由图 7-12 和表 7-10 可以清晰地看出，主成分 FAC_1 可以解释为 "城市综合发展概况"，FAC_2 可以解释为 "农村生产发展概况及全国基础设施建设"，FAC_3 可以解释为 "资源禀赋概况"。其中 FAC_1 主要由 5 个因子组成，即：城镇人口数量（B_2）、生活污水排放量（B_6）、工业废水排放量（B_7）、城市建成区面积（B_9）、淡水水产品数量（B_{11}）。FAC_2 主要由 6 个因子组成：农村人口数量（B_1）、农业化肥用量（B_8）、大牲畜存栏数量（B_{10}）、公路里程（B_3）、营业铁路里程（B_4）、水库库容（B_5）。FAC_3 主要由 2 个因子组成：耕地面积（B_{12}）、旅游业产值（B_{13}）。

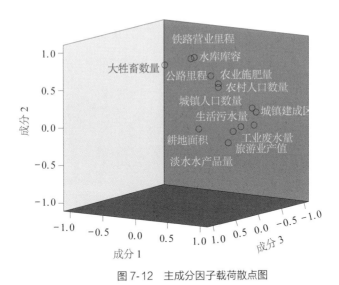

图 7-12 主成分因子载荷散点图

4. 主成分 FAC_1 辨析

根据 5 个因子组成的 FAC_1（城市综合发展概况）综合分析（表 7-10），其影响因素整体贡献率为 43.082%，是湿地人为影响因素中第一影响因素。这说明在中国社会经济发展进程中，城市综合发展已经对湿地退化带来了极大的影响，在一定程度上占据了主要地位。具体说来，在5个影响因子中，影响最为显著的是生活污水排放量（B_6）（表7-11），城市生活污水的排放已经成为越来越严重的问题，主要是生活中的排泄物以及洗涤污水。总的特点是含氮、含硫、含磷高，在厌氧细菌作用下，易生恶臭物质，除磷技术是困扰城市污水处理的主要难题，城市污水的排放已经深度地影响到了湿地及其生态系统的可持续发展。随着社会经济的发展，我国的城市化水平逐年提高，无论是城镇建成区面积（B_9）还是城镇人口数量（B_2）都在不断地扩张和增加，在这一系列过程中，无形中也加剧了湿地退化的速度，影响深远。另外从常识出发，工业废水，特别是未经处理的大量工业废水排放（B_7）和淡水水产品（B_{11}）捕捞在一定程度上破坏了湿地自然资源，导致湿地生物多样性及其生境的丧失。

表7-10 方差极大正交旋转后3个主成分与13个指标的相关矩阵

因子	FAC_1	FAC_2	FAC_3
生活污水量	0.942	0.042	−0.142
城镇人口数量	0.941	0.272	−0.105
城市建成区面积	0.905	0.191	−0.261
工业废水排放量	0.876	0.047	0.049
淡水水产品量	0.860	−0.134	0.290
农村人口数量	0.468	0.574	0.242
农业施肥量	0.432	0.616	0.190
耕地面积	0.488	0.052	0.547
水库库容	0.172	0.907	0.061
铁路营业里程	0.032	0.858	−0.071
大牲畜数量	−0.170	0.794	0.208

（续）

因子	FAC_1	FAC_2	FAC_3
公路里程	0.526	0.725	0.272
旅游业产值	0.146	−0.219	−0.823

注：①提取方法为主成分分析法；②旋转法是具有 Kaiser 标准化的正交旋转法；③旋转在 5 次迭代后收敛。

表 7-11　三大主成分得分系数矩阵

因子	FAC_1	FAC_2	FAC_3
生活污水量	0.083	0.102	0.106
城镇人口数量	0.169	0.028	−0.142
公路里程	0.041	0.162	0.109
铁路营业里程	−0.068	0.306	−0.196
耕地面积	0.102	−0.108	0.398
工业废水量	0.174	−0.069	0.025
生活污水量	0.190	−0.046	−0.136
农业施肥量	0.073	0.128	0.056
城镇建成区面积	0.171	0.028	0.260
大牲畜数量	−0.107	0.258	0.051
淡水水产品量	0.185	−0.168	0.257
水库库容	−0.045	0.290	−0.094
旅游业产值	0.058	0.042	−0.661

5. 主成分 FAC_2 辨析

FAC_2（农村生产发展概况及全国基础设施建设）占据了主成分因子影响方差贡献率的 27.743%，是第二主要影响湿地退化的人为因素。首先在 FAC_2 里，载荷较大的是基础设施（表 7-12），在目前中国高速的经济发展及城市化进程中，城市基础设施建设（B_3、B_4）以及水利工程（B_5）已经直接或者间接地影响了湿地生态系统，湿地内部及周边的各种工程割断了湿地地表水源补给。根据目前中国湿地及周边发展情况看，围绕湿地周边建设的公路及铁路都无疑加剧了湿地生物多样性系统的不稳定，特别是现代高速铁路的发展，有多条营业线路的高架桥工程在湿地保护系统内穿行而过。另外，农村生产的发展也对湿地造成了一定程度的影响，如农村人口数量（B_1）、农业化肥用量（B_8）、大牲畜存栏数量（B_{10}）。中国近 20 年间，新农村建设不断发展，农民的生活越来越富裕，但处在湿地周边以及湿地保护区周边的农村社区，生活还是比较艰苦的，一是地理位置偏远，交通不便，二是国家相关政策限制了当地社区的资源利用。

表 7-12　回归模型检验结果汇总

模型	R	R^2	调整 R^2	标准估计误差	F	Sig
模型 1	0.784	0.615	0.531	1.922	17.770	0.000
模型 2	0.311	0.159	0.153	17.662	3.512	0.050
模型 3	0.834	0.696	0.653	2.214	49.648	0.000
模型 4	0.666	0.444	0.431	3.764	9.002	0.025

注：预测变量为常量、FAC_3、FAC_1 和 FAC_2；因变量为 Y_1、Y_2、Y_3 和 Y_4，分别对应模型 1、模型 2、模型 3 和模型 4。

因此，大部分的湿地周边生物多样性保存较好，且社区主要以农林牧渔业为主，对环境和资源的破坏相对较小，为湿地生态系统的自我调控提供了适宜空间。但是农村地区的发展，如农村人口的增加、耕地粮食产量的增加无疑也加重了化肥的使用量等生产活动的增加，以及这些地区的经济发展都会在不同程度上干扰自然环境和生物多样性，从而影响到湿地退化的进程。特别是近20年来，中国大牲畜的存栏数量总体是减少的，这无疑给湿地及其他生态系统减轻了压力，但部分区域，特别是沼泽区域的湿地，牲畜的养殖也会给系统带来一定的影响。例如，中国的松嫩平原，导致湿地退化的一个重要因素就是大牲畜（牛、羊）大量繁殖带来的湿地资源压力（谢守亮，2009）。但随着中国保护政策的实施以及农村自身的影响因素，农村大牲畜的养殖处于下降趋势。

6. 主成分FAC_3辨析

在FAC_3（资源禀赋概况）里，其主成分因子方差贡献率为10.162%，主要包括：耕地面积（B_{12}）和旅游产业值（B_{13}）。首先是中国旅游业近年来不断发展。湿地资源凭其优美的怡人风光和人文景观吸引了大量的国内外游客，从湿地环境承载力的角度分析，即使旅游给当地带来了一定的收益，但同时也间接地破坏了湿地生态系统的平衡。此外，中国的耕地资源近年来在一定程度上出现减少的趋势，因此，很多湿地周边为了扩展耕地，把湿地平为耕地，继续开垦。例如，长江中下游在近30年内，因围垦而丧失湖沼面积$12 \times 10^4 \text{hm}^2$，丧失率达34.16%（温亚利，2008）。

7. 主成分线性关系式构建

根据上述主成分影响因子分析，初步得出了影响中国湿地退化的最主要的三大因素，根据SPSS17.0的运算结果显示，可以取得三大主成分得分系数（表7-11）。因此三大主成分与各因子之间的关系如下：

$FAC_1 = 0.083B_1 + 0.169B_2 + 0.041B_3 - 0.068B_4 + 0.102B_5 + 0.174B_6 + 0.190B_7 + 0.073B_8 + 0.171B_9 - 0.107B_{10} + 0.185B_{11} - 0.045B_{12} + 0.058B_{13}$

$FAC_2 = 0.102B_1 + 0.028B_2 + 0.162B_3 + 0.306B_4 - 0.108B_5 - 0.069B_6 - 0.046B_7 + 0.128B_8 + 0.028B_9 + 0.258B_{10} - 0.168B_{11} + 0.290B_{12} + 0.042B_{13}$

$FAC_3 = 0.106B_1 - 0.142B_2 + 0.109B_3 - 0.196B_4 + 0.398B_5 + 0.025B_6 - 0.136B_7 + 0.056B_8 - 0.260B_9 + 0.051B_{10} + 0.257B_{11} - 0.094B_{12} - 0.661B_{13}$

8. 基于 2009 年省域截面数据的中国湿地退化的主成分因素分析

为了进一步验证三大主成分对湿地退化的影响，本研究在大尺度上分析中国 20 年时间序列数据主成分因子的基础上，继续结合中国 31 个省份 2009 年截面数据（《2010中国统计年鉴》和《2010 中国城市统计年鉴》），将三大主成分对中国湿地退化中的相关指标进行回归分析。需要说明的是，由于数据所限，本研究在咨询专家的基础上，选取了数据易获得且与湿地退化过程中密切相关的指标（佟守正，2010；张燕，2010；王继富，2005），主要有各省份的湿地总面积（Y_1）、地表水资源量（Y_2）、天然湿地面积（Y_3）、湿地总面积占本省国土面积比（Y_4），对其进行主成分回归分析，进一步量化各个主成分对湿地退化的影响程度。重要回归参数解释如下：

模型初步线性回归拟合。表 7-12 给出了关于回归模型的拟合情况，可以看出，模型 3 的调整 R^2 为 0.653，均大于其他 3 个模型的调整 R^2，这说明模型 3 可解释的变异占总变异的比例大，引入方程的变量可解释性较强。另外，从 F 值中模型 3 为49.648，均大于其他 3 个模型的 F 值，这说明本研究的 3 个公因子对天然湿地面积的影响较大，预测天然湿地面积的解释能力较强，也就是模型 3 的线性关系显著。其他3 个模型对湿地总面积、地表水资源量以及湿地占国土面积的比重均有解释能力，但稍弱，只能说明所研究的 3 个公因子（三大主成分）只能解释部分变异量，且不全面。

回归系数的估计。根据 SPSS 17.0 对 4 个模型的变量进行回归，三大主成分回归估计结果（表 7-13）汇总，比较分析可以进一步分析各主成分对湿地退化相关指标的影响。

表 7-13　主成分模型回归估计结果汇总

模型	自变量	非标准化回归系系	t	Sig
模型 1	常量	108.211	8.799	0.001
	FAC_1	60.799	2.776	0.015
	FAC_2	40.914	1.918	0.053
	FAC_3	−16.585	−0.807	0.143

模型	自变量	非标准化回归系统	t	Sig
模型2	常量	37.475	6.778	0.001
	FAC_1	-12.999	-2.129	0.046
	FAC_2	-9.443	-1.547	0.068
	FAC_3	4.825	0.791	0.167
模型3	常量	-932.249	6.112	0.001
	FAC_1	-223.747	-2.964	0.009
	FAC_2	-208.621	-2.764	0.011
	FAC_3	187.502	2.485	0.028
模型4	常量	-402.667	8.363	0.001
	FAC_1	-37.379	-2.690	0.015
	FAC_2	29.644	2.133	0.049
	FAC_3	-21.339	-1.535	0.095

模型1中只有城市发展主成分 FAC_1 对全国湿地总面积的影响较显著（$\alpha=0.05$），且呈显著正相关关系，FAC_2 和 FAC_3 均不显著。这表明现阶段中国湿地面积主要受城市发展状况的影响。主要原因是近年来城市社会经济发展的同时促进了国家加大对湿地保护及生态恢复的投入力度，增强了城市生产及生活对保护湿地需求，一定程度上提高了人们保护湿地的意识和积极性，特别是城市湿地及人工湿地的建设，在一定程度上增加了湿地总面积。另外，从 FAC_2 和 FAC_3 可以看出，现阶段社区生产发展和基础设施建设虽然对湿地总面积有一定的影响，但不是很显著（$\alpha>0.05$），在未来城市发展过程中，湿地整体面积会有所增加，主要是城市湿地和人工湿地面积的增加。模型2、模型3和模型4中，城市发展主成分 FAC_1 对 Y_2 和 Y_4 的影响达到显著（$\alpha=0.05$），FAC_1 对 Y_3 达到非常显著（$\alpha=0.01$）。这说明现代社会经济的高速发展，在一定程度上影响了湿地生态系统的整体功能，特别是城市发展给天然湿地面积带来

了显著影响，且呈负相关关系发展。这可以解释为城市生产生活中的众多因子一起对天然湿地退化起着重要影响作用，特别是工业废水以及环境污染等因素都在一定程度上促进了天然湿地的退化及功能减退。另外，FAC_2也是一个重要的影响湿地退化的成分，从模型中可以看出，FAC_2均对Y_3和Y_4有显著影响（$\alpha=0.05$），且Y_3与FAC_2呈负相关。这说明农村社区经济的发展也在影响着天然湿地面积和湿地面积比，不管是城市生活污水还是农村生活污水，在未处理情况下的排放都会对天然湿地造成影响，特别是近年来农村人口数量的不断增加，也是直接促成天然湿地面积减少的原因之一，一些省份湿地周边进行的湿地开垦及填塞，都在缩小天然湿地的面积。

资源禀赋成分FAC_3仅对天然湿地面积起着显著影响（$\alpha=0.05$），且呈正相关影响。这说明现阶段，以耕地为主要生产资料的社区生产和以旅游业为第三产业的资源禀赋主成分对天然湿地面积的增减起着直接作用，特别是旅游业的迅速发展，一些环境污染物也在充斥着湿地的生态系统，因此，加强湿地旅游的教育以及保护意识是非常紧迫的事情。另外，从资源禀赋系数来看，资源禀赋越大的区域，其天然湿地的面积越大。

多元线性回归方程确定。经过上述分析，可以得出三大主成分与4个湿地退化相关指标之间的线性拟合方程，即：

模型1：$Y_1 = 108.211 + 60.779FAC_1 + 40.914FAC_2 - 16.585FAC_3$

模型2：$Y_2 = 37.475 - 12.999FAC_1 - 9.443FAC_2 + 4.825FAC_3$

模型3：$Y_3 = -932.249 - 223.747FAC_1 - 208.621FAC_2 + 187.502FAC_3$

模型4：$Y_4 = -402.667 - 37.379FAC_1 + 29.644FAC_2 - 21.339FAC_3$

本研究应用全国社会经济发展的时间序列统计数据进行了湿地退化的影响因素主成分和因子分析，最终应用SPSS17.0中文版软件得出了三大主成分以及相应的因子关系式；在此基础上，本研究通过全国各省份的2009年截面数据对三大主成分进行了进一步分析与检验。最终通过分析得到如下结论：

本研究在参考相关文献以及咨询专家的基础上，整合了13个社会经济发展中人为影响湿地退化的影响因子，同时应用因子分析法对13个主要影响因子进行了回归分析，根据因子碎石图把13个因子划分为三大主成分，即：城市发展概况（FAC_1）、农村生产以及全国基础设施建设（FAC_2）以及资源禀赋（FAC_3）。

在与湿地退化过程相关的指标Y_1、Y_2、Y_3、Y_4中，经过与三大主成分拟合及相关分析，这4个指标均受FAC_1的影响较为显著，特别是Y_3与城市发展关系非常显著；

FAC_2 对 Y_3 与 Y_4 的影响较为显著；同时 FAC_3 对 Y_3 的影响较为显著，因此本研究通过拟合方程认为，天然湿地面积与三大主成分具有较显著的关系，用天然湿地面积及三大主成分更具解释性。

从 Y_1、Y_2、Y_3、Y_4 与三大主成分的拟合回归看，湿地总面积 Y_1 与三大成分的关系并不是很理想，这可能与统计数据本身有关。但本研究认为，湿地总面积中除天然湿地面积外还有人工湿地面积，Y_1 与 Y_3 比较来看，可以推断，中国的人工湿地面积不是减少的，而是与天然湿地面积呈相反的变化趋势。

二、湖沼湿地生态系统服务功能变化驱动力分析

在区域尺度上，土地覆盖变化是影响生态系统服务供给的重要因子（Ceschia et al.，2010；Fürst et al.，2011；Otieno et al.，2011）。开展土地覆盖变化研究不仅可以定量化景观的空间结构和组成，也有利于确定不同时空尺度上土地覆盖与人类活动的相互作用关系，为土地管理提供重要依据。白洋淀是华北平原最大的淡水湿地，对维持河北省、北京市、天津市等区域的生态平衡具有重要作用。由于湿地资源存在公共性和外部性问题，白洋淀湿地在流域水资源开发利用、土地管理政策中始终处于劣势地位。受多重因素影响，白洋淀土地覆盖变化极为复杂，湿地大面积萎缩、生态功能急剧退化，严重影响了白洋淀生态系统服务可持续供给能力。

白洋淀地处华北平原中部，海河流域大清河水系中游。白洋淀地貌景观以水体为主，淀底西高东低，海拔 5.5~6.5 m，由 143 个淀泊和 3 700 多条沟壕组成，是华北地区最典型和代表型的湖泊和草本沼泽型湿地（刘芳等，2004；李英华等，2004）。白洋淀多年平均气温 7~12℃，多年平均降水量 550 mm，多年平均蒸发量为 1637 mm。因其地处暖温带大陆季风气候区，白洋淀降水的年内和年际差异很大，80% 的降水量主要集中在 7~9 月（张赶年等，2013）。

（一）白洋淀土地覆盖类型变化

白洋淀湿地分布较为广泛，除 1983~1988 年干淀期间以外，白洋淀湿地面积占

总土地覆盖面积比例（包括水体、芦苇地、水生植被）一直保持在 45% 以上。从白洋淀 1974~2011 年时期的土地覆盖类型分布图看，白洋淀水体、芦苇地和耕地 3 种土地覆盖类型相互转换，变化过程极为复杂。1974~2011 年，白洋淀湿地面积经历了先减小、后增加、再减少的变化过程，湿地面积从 176.97 km² 下降到 157.29 km²。其中水体面积从 58.01 km²（18.02%）上升到 80.07 km²（24.88%），增加了 22.06 km²（38.03%）；芦苇地面积从 104.94 km²（32.60%）下降到 72.95 km²（22.67%），下降了 31.99 km²（30.48%）；水生植被从 14.02 km²（4.36%）下降到 4.27 km²（1.33%），下降了 9.75 km²（69.54%）。37 年间，白洋淀耕地面积从 69.14 km²（21.48%）上升到 127.68 km²（39.67%），增加了 58.54 km²（84.67%）。37 年间，居民点面积一直稳步增加，从 1.51 km²（0.47%）上升到 18.23 km²（5.66%），增加了近 11 倍（表 7-14 和表 7-15）。

1. 白洋淀 1974~2011 年土地覆盖类型转移概率

不同时期土地覆盖类型的主要转变方向不同，土地覆盖类型转化率变化极为复杂。1974~2011 年，林地、水生植被、干草地、裸地转化为其他土地覆盖类型的比例很大，分别为 95.18%、96.82%、98.58%、99.72%。耕地、水体、芦苇地转化为其他类型的比例分别为 39.25%、34.46% 和 53.74%。而居民点转化为其他土地覆盖类型的比例相对较小，仅为 18.15%。1974~2011 年，林地主要转化为耕地、芦苇地和居民点，水生植被主要转化为水体和芦苇地，干草地主要转化为耕地和芦苇地，裸地主要转化为耕地，水体和耕地相互转化，芦苇地主要转化为水体和耕地（表 7-16）。

2. 白洋淀 1974~2011 年土地覆盖类型空间转移特征

对白洋淀 1974~2011 年土地覆盖类型空间转移特征进行分析发现，耕地面积增加发生地主要分布在地势较高的西北和西南部地区，由林地、裸地和干草地转化而来，而耕地减少的发生地主要分布在地势较低的北部地区，主要转化为水体和居民点。居民点面积增加的发生地主要分布在东部地区，由耕地和林地转化而来。林地面积减少的发生地主要分布在东部、西南和西北地区。水体面积增加的发生地主要分布在地势较低的东部和北部地区，水体面积减少的发生地主要分布在地势较高的西南地区，主要转化为耕地。

表 7-14 1974~2011 年白洋淀土地覆盖类型面积变化

年份 土地覆盖类 型面积（km²）	1974	1979	1984	1987	1989	1991	1996	2001	2006	2011
耕地	69.14	76.40	77.39	66.46	35.71	54.24	59.15	84.11	112.17	127.68
居民点	1.51	3.15	4.64	6.07	6.75	7.01	8.51	8.41	14.13	18.23
林地	45.89	28.47	43.42	41.22	15.70	1.26	14.54	9.90	19.54	7.38
水体	58.01	45.89	6.05	3.43	130.11	74.53	62.59	57.47	57.56	80.07
水生植被	14.02	12.41	6.82	6.36	60.93	8.43	3.77	3.92	8.11	4.27
芦苇地	104.94	128.99	134.06	66.23	59.06	119.99	158.61	137.92	102.79	72.95
干草地	17.57	25.59	40.98	118.36	9.08	56.30	9.43	18.95	7.55	10.91
裸地	10.78	0.97	8.50	13.73	4.51	0.10	5.27	1.18	0.00	0.37
湿地	176.97	187.28	146.94	76.02	250.11	202.95	224.97	199.31	168.46	0.29

表 7-15 1974~2011 年白洋淀土地覆盖类型面积比例变化

年份 土地覆盖类 类型比例（%）	1974	1979	1984	1987	1989	1991	1996	2001	2006	2011
耕地	21.48	23.74	24.04	20.65	11.10	16.85	18.38	26.13	34.85	39.67
居民点	0.47	0.98	1.44	1.89	2.10	2.18	2.64	2.61	4.39	5.66
林地	14.26	8.85	13.49	12.81	4.88	0.39	4.52	3.08	6.07	2.29
水体	18.02	14.26	1.88	1.07	40.43	23.16	19.45	17.86	17.88	24.88
水生植被	4.36	3.86	2.12	1.98	18.93	2.62	1.17	1.22	2.52	1.33
芦苇地	32.60	40.08	41.65	20.58	18.35	37.28	49.28	42.85	31.94	22.67
干草地	5.46	7.95	12.73	36.77	2.82	17.49	2.93	5.89	2.35	3.39
裸地	3.35	0.30	2.64	4.27	1.40	0.03	1.64	0.37	0.00	0.11
湿地	54.98	58.18	45.65	23.62	77.71	63.06	69.89	61.92	52.34	48.87

表 7-16 1974~2011 年白洋淀土地覆盖类型转移矩阵

项目	2011 年															
	耕地		居民点		林地		水体		水生植被		芦苇地		干草地		裸地	
	面积（km²）	比例（%）	面积（km²）	比例（%）	面积（km²）	比例（%）	面积（km²）	比例（%）	面积（km²）	比例（%）	面积（km²）	比例（%）	面积（km²）	比例（%）	面积（km²）	比例（%）
耕地	42.00	60.75	7.02	10.16	1.59	2.30	9.83	14.22	0.67	0.98	6.45	9.33	1.37	1.98	0.20	0.29
居民点	0.12	7.64	1.23	81.85	0.02	1.37	0.09	5.73	0.01	0.48	0.03	2.21	0.01	0.54	0.00	0.18
林地	28.42	61.93	4.96	10.81	2.21	4.82	4.11	8.97	0.26	0.56	5.25	11.44	0.65	1.41	0.03	0.06
水体	9.31	16.05	0.52	0.90	0.47	0.81	38.02	65.54	1.67	2.88	4.12	7.10	3.89	6.70	0.02	0.03
水生植被	0.67	4.78	0.11	0.79	0.27	1.95	7.28	51.94	0.45	3.18	4.14	29.49	1.10	7.87	0.00	0.00
芦苇地	29.54	28.15	1.87	1.78	2.14	2.04	18.28	17.42	1.09	1.04	48.55	46.26	3.41	3.25	0.06	0.06
干草地	10.64	60.58	1.52	8.64	0.50	2.84	1.17	6.67	0.02	0.14	3.43	19.52	0.25	1.42	0.03	0.20
裸地	6.98	64.75	1.00	9.28	0.17	1.58	1.29	11.97	0.10	0.93	0.99	9.18	0.22	2.04	0.03	0.28

注：行表示 1974 年的土地覆盖类型，列表示 2011 年的土地覆盖类型，转移面积是 1974 年的土地覆盖类型转移到 2011 年的土地覆盖类型的面积，比例是 1974 年的土地覆盖类型转移到 2011 年各土地覆盖类型的面积比例。

（二）白洋淀湿地变化驱动力

1. 水位变化对白洋淀湿地变化的影响

水位变化是影响白洋淀湿地的直接因素。Pearson 相关分析结果表明，在水位变化的驱动下，水体面积和湿地总面积发生显著变化（$P<0.05$），但水位和耕地面积、芦苇地面积之间并没有显著的直线相关关系（$P>0.05$）。水位与芦苇地、耕地在其他因素的综合作用下，可能存在着较为复杂的非线性关系。

2. 入淀径流量对白洋淀湿地的影响

入淀径流量是白洋淀流域气候变化和社会经济发展的综合反映。近年来，在流域气候变化、大规模水利工程建设、人口增加、农业发展等多重因素驱动下，白洋淀入淀径流量不断减少，对白洋淀湿地产生了一定的影响（庄长伟，2010；Zhuang et al., 2011）。尤其是1983~1988年天然入淀径流急剧下降导致白洋淀干淀（白军红等，2013），对白洋淀湿地变化产生了很大影响。

3. 白洋淀淀区气候变化对白洋淀湿地的影响

过去40多年白洋淀淀区降水量呈波动的减少趋势，20世纪80年代降水量急剧减少，蒸发量增加，加剧了白洋淀湿地干淀。降水和蒸发是白洋淀水文循环的主要因子，降水补给的减少、增发量的增加（梁宝成等，2007）会对白洋淀湿地产生较大影响（Zhuang et al., 2011；李英华等，2004）。

4. 人类活动及政策的影响

1974~2011年，安新县总人口数量的迅速增加和旅游业的快速发展，加大了对地下水资源的开发和利用，安新地下水埋深不断增加（刘春兰等，2007），加剧了白洋淀水资源的短缺。此外，农业开垦及在大面积种植芦苇地对白洋淀湿地也产生了较大影响。① 1974~2011年，白洋淀湿地面积经历了先减小、后增加、再减少的变化过程，湿地面积从176.97 km^2 下降到157.29 km^2。其中水体面积增加了22.06 km^2，芦苇地面积下降了31.99 km^2，水生植被下降了9.75 km^2。

37 年间，白洋淀耕地面积增加了 58.54 km²，居民点面积一直稳步增加，从 1.51 km² 上升到 18.23 km²，增加了近 11 倍。从白洋淀 1974~2011 年时期的土地覆盖类型分布图看，白洋淀土地覆盖类型变化极为复杂，主要表现为水体、芦苇地、耕地 3 种土地覆盖类型相互转化。②不同时期土地覆盖类型的主要转变方向不同，土地覆盖类型转化率变化极为复杂。1974~2011 年，林地、水生植被、干草地、裸地转化为其他土地覆盖类型的比例分别为 95.18%、96.82%、98.58%、99.72%。耕地、水体、芦苇地、居民点转化为其他土地覆盖类型的比例分别为 39.25%、34.46%、53.74% 和 18.15%。地势较高的西北和西南部地区为耕地面积增加的主要发生地，地势较低的北部地区是耕地面积减少的主要发生地。水体面积增加的发生地主要分布在地势较低的东部和北部地区。水体面积减少的发生地主要分布在地势较高的西南地区。③水位变化、入淀径流量变化、淀区气候变化、人类活动及管理政策是白洋淀土地覆盖变化的驱动因子。在水位变化的驱动下，水体面积和湿地面积发生显著变化。水位与芦苇地、耕地在其他因素的综合作用下，可能存在着较为复杂的非线性关系。

　　本研究选取整个白洋淀为研究对象，利用遥感和地理信息系统技术分析了白洋淀近 37 年土地覆盖动态变化，并结合水位、气象和社会经济数据，分析了白洋淀土地覆盖变化的主要驱动力，研究揭示了白洋淀土地覆盖与人类活动的相互作用关系，对白洋淀土地管理和生态系统服务可持续供给具有重要意义。但本研究未分析白洋淀土地覆盖变化对生态系统服务权衡关系的影响，在管理层面的应用有一定的局限性。白洋淀土地覆盖变化是流域自然因素和人类活动的综合影响结果，定量化白洋淀生态系统服务权衡关系及生态系统服务提供者和需求者之间的相互关系，对于流域水资源优化管理和政策设计具有重要的指导意义，今后需加强相关方面的研究。

参考文献

贾丽艳，杜强，2004. SPSS 统计分析标准教程 [M]. 北京：人民邮电出版社.

梁宝成，孙雪峰，2007. 白洋淀水生态系统危机及其预警 [J]. 南水北调与水利科技，5

（4）：57-60.

刘春兰，谢高地，肖玉，2007. 气候变化对白洋淀湿地的影响 [J]. 长江流域资源与环境 [J]，16（2）：245-250.

刘芳，李贵宝，王殿武，等，2004. 白洋淀芦苇湿地根孔（系）观测调查及其净化污水的研究 [J]. 南水北调与水利科技，2（6）：20-23.

佟守正，吕宪国，2006. 扎龙湿地退化特征及原因分析 [C] // 中国生态学会 2006 学术年会论文荟萃.

王继富，刘兴土，陈建军，2005. 大庆市湿地退化的生态表征与保护对策研究 [J]. 湿地科学，3（2）：143-148.

温亚利，李小勇，谢屹，2008. 北京城市湿地现状与保护管理对策研究 [M]. 北京：中国林业出版社.

谢守亮，2009. 我国自然保护区的旅游活动影响及对策研究 [C] // 生态文明与环境资源法 —— 2009 年全国环境资源法学研讨会（年会）论文集.

张赶年，曹学章，毛陶金，2013. 白洋淀湿地补水的生态效益评估 [J]. 生态与农村环境学报，29（5）：605-611.

张晓龙，李培英 2004. 湿地退化标准的探讨 [J]. 湿地科学，2（1）：36-41.

张燕，2010. 武汉市城市湖泊湿地退化特征及原因研究 [D]. 武汉：华中农业大学.

庄长伟，2010. 白洋淀流域水文变化及其对生态系统服务功能的影响研究 [D]. 北京：中国科学院大学.

Ceschia E，Béziat P，Dejoux J F，et al，2010. Management effects on net ecosystem carbon and GHG budgets at European crop sites[J]. Agriculture，Ecosystems & Environment，139（3）：363-383.

Davis J A，Froend R，1999.Loss and degradation of wetlands in southwestern Australia：Underlying causes，consequences and solutions [J]. Wetlands Ecology and Management，7（1/2）：13-23.

Fürst C，Lorz C，Makeschin F，2011. Integrating land management and land-cover classes to assess impacts of land use change on ecosystem services[J]. International Journal of Biodiversity Science，Ecosystem Services and Management，7（3）：1-14.

Olson D M，Wäkers F L，2007. Management of field margins to maximize multiple ecological services[J]. Journal of Applied Ecology，44（1）：13-21.

Otieno M，Woodcock B A，Wilby A，et al，2011. Local management and landscape drivers of pollination and biological control services in a Kenyan agro-ecosystem[J]. Biological Conservation，144（10）：2424-2431.

Verburg P H，van de steeg J，Veldkamp A，et al，2009. From land cover change to land function dynamics: a major challenge to improve land characterization[J]. Journal of Environmental Management，90（3）：1327-1335.

Zhuang C W，Ouyang Z Y，Xu W H，et al，2011. Impacts of human activities on the hydrology of Baiyangdian Lake，China[J]. Environmental Earth Sciences，62（7）：1343-1350.

张曼胤 摄

第 八 章

全国湖沼湿地
生态系统服
务价值评价

虽然生态学家已经敏锐地意识到特征尺度和尺度效应问题的重要性，但针对生态系统中的空间异质性和非线性，一般使用的尺度推绎方法显得力不从心。目前的大多数尺度推绎理论和方法源于地球物理学、气象学、水文学和工程学，一些方法在生态学中还未得到充分运用。国外的一些生态学家从20世纪80年代末期就已经开始了这方面理论和方法上的探索。通常，人们期望通过对某个时空幅度内的信息求平均（算术平均或加权平均）来获得较大尺度上的值，即以点代面的方法或以少数点数据划等值线的方法。这种途径假设系统特性不随尺度变化，并且大尺度系统的行为与小尺度系统的平均行为近似。因此，尽管简单，但它仅适用于在区域中呈线性变化、无反馈作用、无空间异质性的特殊过程变量；而对于区域中大多数过程来说，会产生相当大的聚合误差，从而导致大尺度上值的估计偏差。

第一节　基于成果参照法的中国湖沼湿地生态系统服务价值评估

一、参照体系的建立及价值调整方案

（一）参照体系的建立

价值转换法是利用现有的研究成果和信息，来完成对其他区域生态系统服务功能经济价值评估的过程。基于在特定地区或国家的较为成熟的实证案例研究后得到的成果（研究地），加以适当的调整，转换到另外的研究地区（政策地），进而得到了政策地的经济价值量。1997 年，Costanza 等在《Nature》上发表了有关全球生态系统服务价值评估的文章，得到相关学者的高度关注和探讨，众多相关研究引用其研究结果并对其研究方法进行了不同程度的调整和改进。国内的谢高地等学者在 Costanza 等（1997）的研究基础上，基于专家经验知识建立了针对中国生态系统的一套单位面积价格参照体系，具有一定现实意义和科学价值。通过对 Costanza 和谢高地等建立的单位价格体系进行对比研究（Groot et al.，2012；谢高地等，2008a，2008b），考虑到后者更为接近中国自然生态系统价值体系，能够进行更为有效的环境经济核算，因而采用后者作为本研究的单位面积价格参照体系（表 8-1）。

表 8-1　湿地生态系统各项服务功能单位面积价值量［万元 /（km² · a）］

生态系统服务类型	沼泽	湖泊
食物供给	1.6	2.4
原材料	1.1	1.6
大气调节	10.8	2.3
气候调节	60.9	9.3
水文调节	60.4	84.3
净化水质	64.7	66.7
土壤保持	8.9	1.8
生物多样性	16.6	15.4
提供美学价值	21.1	19.9
总计	246.0	203.7

注：数据来源于谢高地等（2008a）。

（二）湿地服务价值调整方案

影响湿地生态系统服务单位面积价值的因素很多，除了湿地植被、土壤和水文环境等因素外，还受到湿地周边的人口、经济和社会文化等因素的影响。因而本研究建立一系列调整因子，根据湿地的自然和社会环境，针对表 8-1 中的湿地生态系统服务单位面积价格体系进行多次调整，使其更加接近真实值。考虑到数据的可得性和可操作性，本研究的调整方案见表 8-2。

以社会经济调整因子为例，湿地生态系统服务的价格与其所处地区的经济状况具有正相关关系。基于人均 GDP 的调整方案如下：某地区湿地生态系统服务的基准价格乘以一个系数，该系数为某地区人均 GDP 与全国平均 GDP 的比值。湿地生态系统服务价格的修正公式如下：

$$P_{ij}=\frac{x_j}{X_j}P_i \qquad\qquad\qquad (8-1)$$

式中，P_{ij}——修订后的湿地生态系统服务单位面积价格；

　　　$i=1，2，\cdots，n$——各项湖沼湿地生态系统服务；

　　　$j=1，2，\cdots，m$——湿地所在的地区；

　　　x_j——2008 年 j 地区人均 GDP；

　　　X_j——2008 年全国人均 GDP；

　　　P_i——该项湿地生态系统服务的参考单位面积价格。

表 8-2　湿地生态系统服务价值的调整方案

调整因子	系数	数据来源
社会—经济状况	人均 GDP	中国统计年鉴
湿地丰富度	50km 范围内的湿地面积	ArcGIS 软件提取
与城市距离	湿地与城市距离	ArcGIS 软件提取
生物多样性	生物多样性指数	生物多样性综合评价（万本太等，2007）
生态分区	国家生态分区结果	全国生态系统与生态功能区划数据库

二、中国湖沼湿地生态系统服务价值评估结果

2008 年，全国沼泽湿地生态系统服务价值共计 $3911.5×10^8$ 元，湖沼湿地价值共计 $1771.6×10^8$ 元，两者总计 $5683.1×10^8$ 元 /a（表 8-3）。湿地生态系统服务价值较高的地区集中在湿地面积广阔且人口稀少的东北和西北地区，西藏、青海和黑龙江是湖沼湿地生态系统服务价值较高的地区，总计占到全国湖沼湿地生态系统价值的 67.87%。沼泽生态系统服务价值最高的省份依次为黑龙江、青海和内蒙古，而湖沼生态系统服务价值最高的省份依次为西藏、黑龙江和青海。

表 8-3　全国各地区湿地服务功能价值评估结果（×10^{8}元/a）

省份	湖沼	沼泽	总计	省份	湖沼	沼泽	总计
安徽	12.5	4.7	17.2	江苏	72.6	4.2	76.8
北京	0.1	0.1	0.2	江西	16	20.6	36.5
重庆	0.4	0	0.4	辽宁	15.9	6.5	22.4
福建	2.1	0.1	2.6	宁夏	0	0.1	0.1
甘肃	1	7.1	8.1	青海	381.9	834.3	1216.2
广东	11	0.3	11.3	山东	7.6	4.9	12.4
广西	7.6	0	7.6	山西	1.3	2.2	3.5
贵州	1.3	0	1.3	陕西	2.9	0.2	3.1
海南	0.4	0	0.4	上海	0.1	0	0.1
河北	5.5	11.9	17.4	四川	9.5	104.2	113.7
河南	1.9	0	1.9	天津	0.2	0	0.2
黑龙江	403.5	1563.5	1967	西藏	432.1	241.7	673.9
湖北	35.8	8.5	44.2	新疆	107.1	68.6	175.7
湖南	24.9	11.9	36.8	云南	32.8	0.9	33.7
内蒙古	108.1	825.2	933.3	浙江	18.3	1.9	20.2
吉林	57.4	187.9	245.3	总计	1771.6	3911.5	5683.1

注：香港、澳门、台湾地区未计入计算。

　　各项湖沼湿地生态系统服务的价值及其所占比例见表 8-4。由于在能量和水文循环以及地理环境等方面的差异，沼泽和湖沼湿地的各项生态系统服务价值也存在较大差异。沼泽湿地的水质净化、气候调节和水文调节服务的价值较高，而湖沼湿地的水文调节和水质净化服务的价值较高，说明湖沼湿地在环境调节方面发挥着极为重要的作用（张翼然，2014）。

表 8-4　各项生态系统服务类型价值及所占比例

服务类型	湖沼 （×10⁸元/a）	比例（%）	沼泽 （×10⁸元/a）	比例（%）
食物供给	20.8	1.17	25.7	0.66
原材料	13.6	0.77	17.2	0.44
大气调节	20	1.13	172.2	4.40
气候调节	80.5	4.54	967.8	24.74
水文调节	733.3	41.39	959.9	24.54
净化水质	580.1	32.74	1028.5	26.29
土壤保持	16	0.90	142.2	3.63
生物多样性	134	7.56	263.5	6.74
提供美学价值	173.5	9.79	335	8.56
总计	1771.6	100.00	3911.5	100.00

第二节　基于 META 价值转移模型中国湖沼湿地生态系统服务价值评估

一、自变量的选择及建立回归模型

在全国范围内选取具有代表性的案例点，分析决定湿地价值量的因子，搜集每项因子的物质量并建立回归模型如下（Ghermandi et al., 2010；Bergstrom et al., 2007；Brander et al., 2006；Woodward & Wui, 2001；Brouwer et al., 1999）：

$$y_i = a + b_S X_{Si} + b_W X_{Wi} + b_C X_{Ci} + u_i \qquad (8-2)$$

式中，y_i——2008 年第 i 块湿地的价值量 [元／（hm² · a）]；

　　　　a——常数项；

　　　　b_s、b_w 和 b_c——系数项；

　　　　i——0~80 中某一湿地；

　　　　u——随机误差变量。

Meta 分析转换模型主要考虑湿地本身特征变量和湿地所处环境的特征变量，前者包括湿地类型、面积、地理特征以及水文、植被和土壤参数；后者包括人均 GDP、人口，另外考虑到湿地的稀缺性，通过计算湿地周围一定范围内的湿地总面积进行表达。模型中用到的因变量见表 8-5。

在进行统计分析时，将某些数值首先转换为对数形式再进行回归分析，原因主要是如下几个方面：第一，减弱模型中数据的异方差性，只能是减弱，并不能彻底消除；第二，模型形式的需要，利用线性回归模型的前提是解释变量和被解释变量之间的现行关系，但是在实际中这一点很难满足，很多的时候需要对多个变量或者是单一变量做对数变换，让模型的形式变为线性；第三，取对数，再配合差分变化，把绝对数变成相对数，数据更能表示变动的相关性。

表 8-5　Meta 分析模型中的因变量

	变量	变量说明	备注
湿地变量 X_s	面积	湿地面积	以 10 为底的对数形式
虚拟变量 X_w	产品输出	虚拟变量（0 或者 1）	有此项功能为 1，没有为 0
	涵养水源	虚拟变量（0 或者 1）	有此项功能为 1，没有为 0
	调洪蓄水	虚拟变量（0 或者 1）	有此项功能为 1，没有为 0
	保护土壤	虚拟变量（0 或者 1）	有此项功能为 1，没有为 0
	固碳	虚拟变量（0 或者 1）	有此项功能为 1，没有为 0
	释氧	虚拟变量（0 或者 1）	有此项功能为 1，没有为 0
	调节气候	虚拟变量（0 或者 1）	有此项功能为 1，没有为 0
环境变量 X_c	净化水质	虚拟变量（0 或者 1）	有此项功能为 1，没有为 0
	生物栖息地	虚拟变量（0 或者 1）	有此项功能为 1，没有为 0
	旅游休闲	虚拟变量（0 或者 1）	有此项功能为 1，没有为 0
	科研教育	虚拟变量（0 或者 1）	有此项功能为 1，没有为 0
	人均 GDP	2008 年各地区人均 GDP	以 10 为底的对数形式
	人口密度	2008 年各地区人口密度	以 10 为底的对数形式
	湿地丰富度	100 千米半径范围内湿地面积	以 10 为底的对数形式

二、模型建立及精度分析

经过 SPSS 软件得出的 Meta 回归模型结果见表 8-6。 在 Meta 回归模型中，$N = 80$，回归系数 $R^2 = 0.627$。

表 8-6　湿地价值的 Meta 回归模型结果

	变量	变量系数	标准误差
湿地变量 X_s	常数项	−0.339	—
	面积	0.683	0.280
虚拟变量 X_w	产品输出	0.253	0.154
	涵养水源	−0.116	0.321
	调洪蓄水	0.232	0.224
	保护土壤	0.355	0.175
	固碳	0.187	0.324
	释氧	0.121	0.662
	调节气候	0.084	0.111
	净化水质	−0.314	0.255
	生物栖息地	0.610	0.117
	旅游休闲	0.217	0.332
	科研教育	0.119	0.141
环境变量 X_c	人均 GDP	0.227	0.111
	人口密度	0.117	0.297
	湿地丰富度	−0.135	0.087

三、基于 Meta 回归模型的全国湖沼湿地价值量估算

基于上表 8-6 中得出的 Meta 回归分析系数结果，将模型应用在全国湖沼湿地上进行尺度上推（表 8-7）。

表 8-7　进行湖沼湿地价值尺度上推中的有关数据

	要素	说明
湖沼湿地	面积	基于 ArcGIS 软件面积计算功能实现
	湿地丰富度	基于 ArcGIS 软件计空间分析模块实现
环境变量	人均 GDP	中国统计年鉴 2008
	人口密度	中国统计年鉴 2008

通过 Meta 回归模型，在对全国湖沼湿地服务功能价值量进行估算，得出的结果见表 8-8。2008 年，全国湖沼湿地的生态系统服务功能共计为 21325.39 亿元，其中湖泊生态系统价值量为 8137.72 亿元，沼泽生态系统服务功能的价值量为 13187.68 亿元。在全国所有省份中，服务功能价值量较高的地区为黑龙江 4164.46 亿元，西藏 3795.64 亿元和内蒙古 2826.90 亿元。这些地区均分布有大量的湿地资源，有些区域为较为原始的湿地形态，是我国重要的生态资源。湿地服务功能价值量较低的地区有北京、天津、宁夏等，这些地区的湿地面积较低，基本不存在大面积的湿地。

对比各区域的湖沼湿地生态系统服务价值量分布，湖沼湿地价值量主要集中在东部地区和蒙新高原地区，其次是青藏高原和东北地区，价值量较低的地区为云贵高原；而沼泽湿地价值量主要集中在东北地区、蒙新高原区，其次是青藏高原区和东部地区，云贵高原的价值量仍然较低（图 8-1）。

通过对已经发表的湿地生态系统服务价值评估的相关文献进行搜集和整理，得到全国 71 个湿地案例点的价值评估数据，在此基础上对湿地生态系统各项服务在全国各区域的生态系统服务价值进行对比分析。结果显示，各项生态系统服务按照价值量高低排序依次为调节气候 > 调蓄洪水 > 涵养水源 > 净化水质 > 保持土壤 > 产品输出 > 固碳 > 释氧 > 生物栖息地 > 旅游休闲 > 科研教育。

表 8-8　基于 Meta 模型的全国湖沼湿地价值估算结果（亿元）

省份	湖泊	沼泽	共计	省份	湖泊	沼泽	共计
安徽	260.47	161.33	421.81	江苏	299.50	89.50	389.00
北京	7.02	6.12	13.14	江西	373.75	308.73	682.48
重庆	19.48	0.00	19.48	辽宁	110.81	86.94	197.75
福建	58.19	1.63	59.82	宁夏	1.44	21.18	22.62
甘肃	27.73	251.92	279.65	青海	873.35	1612.91	2486.26
广东	248.75	12.01	260.76	山东	73.83	53.65	127.48
广西	158.08	0.00	158.08	山西	16.22	27.14	43.36
贵州	39.93	4.04	43.97	陕西	39.22	3.08	42.30
海南	76.02	0.00	76.02	上海	7.91	1.69	9.59
河北	81.22	141.69	222.90	四川	103.81	583.91	687.72
河南	52.88	0.88	53.76	天津	14.30	0.00	14.30
黑龙江	510.70	3653.76	4164.46	西藏	2237.02	1558.62	3795.64
湖北	469.00	155.73	624.73	新疆	591.84	807.29	1399.14
湖南	319.07	178.03	497.10	云南	219.40	18.02	237.42
内蒙古	438.36	2387.54	2825.90	浙江	103.86	14.81	118.67
吉林	304.56	1045.53	1350.09	共计	8137.72	13187.68	21325.39

注：香港、澳门、台湾地区未计入计算。

涵养水源功能以东部地区和青藏高原地区强烈的蒸发过程，对于维持周边区域湿润环境、调节小气候作用明显，形成冷湿效应。湿地是重要的水源，通过热量和水气的交换，使得上空和周围地带空气温度下降，湿度增加。该服务功能以东部平原区和青藏高原区较为明显；湿地的净化水质功能通过湿地生态环境独特的吸附、降解和沉积污水中的污染物过程实现，主要通过湿地植物、微生物等生物作用和理化作用等，将潜在的污染物转化为可利用资源。东北平原及山区遍布的沼泽湿地和洪泛地区中茂盛的湿地植被又能够减缓水流速度，起到滞留沉积物的作用；湿地的调蓄洪水功能包括减缓洪水流速、削减洪峰、延长水流时间等，以东北平原与山区、东部地区较为明

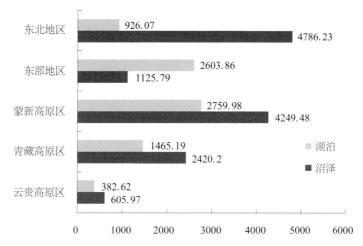

图 8-1　基于 Meta 分析法各区域湖沼湿地服务功能价值量（2008 年，亿元）

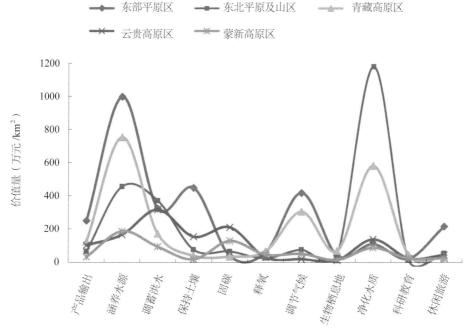

图 8-2　湖沼湿地生态系统服务单位面积价值量的分区对比

显。东北地区分布着我国最大的淡水沼泽区，沼泽湿地复杂的微地貌条件和松散的土壤结构，使得该地区湿地有着强大的水分缓冲空间。东北地区的嫩江、松花江流域，长江中下游的鄱阳湖、洞庭湖都在洪水调节过程中起到关键作用（图 8-2）。

参考文献

万本太，徐海根，丁晖，等，2007. 生物多样性综合评价方法研究 [J]. 生物多样性，15（1）：97-106.

谢高地，甄霖，鲁春霞，等，2008a. 一个基于专家知识的生态系统服务价值化方法 [J]. 自然资源学报，23（5）：911-919.

谢高地，甄霖，鲁春霞，等，2008b. 生态系统服务的供给、消费和价值化 [J]. 资源科学，30（1）：93-99.

张翼然，2014. 基于效益转换的中国湖沼湿地生态系统服务功能价值估算 [D]. 北京：首都师范大学.

Bergstrom J C，Taylor L O，2007.Using meta-analysis for benefits transfer：Theory and practice[J]. Ecological Economics，60（2）：351-360.

Brander L M，Florax R J G M，Vermaat J E，2006.The empirics of wetland valuation：A comprehensive summary and a meta-analysis of the literature[J]. Environmental and Resource Economics，33（2）：223-250.

Brouwer R，Langford I H，Bateman I J，et al，1999. A meta-analysis of wetland contingent valuation studies[J]. Regional Environmental Change，1（1）：47-57.

Costanza R，D'Arge R，Groot R D，et al，1997. The value of the world's ecosystem services and natural capital[J]. Nature，25（1）：3-15.

Ghermandi A，Jeroen C J M van den Bergh，Brander L M，et al，2010.Values of natural and human-made wetlands：A meta-analysis[J]. Water Resources Research，46（12）：137-139.

Groot R D，Brander L，Ploeg S V D，et al，2012. Global estimates of the value of ecosystems and their services in monetary units[J]. Ecosystem Services，1（1）：50-61.

Woodward R T，Wui Y S，2001 .The economic value of wetland services：A meta-analysis[J]. Ecological Economics，37（2）：257-270.

后 记

▲▲▲▲▲▲▲▲▲▲▲

本书由林业公益性行业科研专项重大项目"典型湖沼湿地生态系统服务功能评价研究"项目（201204201）资助完成。项目通过辨析典型湖沼湿地生态特征，明确了湖沼湿地主导服务功能及其作用机理；研发了基于生态学意义上的湖沼湿地服务价值评估技术及其多尺度转换模式；对典型湖沼湿地生态系统主导服务价值进行定量评价，并首次完成了全国尺度的湖沼湿地生态系统服务价值的核算。

项目从 2011 年立项、2012 年启动，到 2014 年结题，共经历了 4 年的时间。本书从筹划、编写到成稿历时近 6 年的时间，并经数次修改完善，最终定稿。由于篇幅所限，我们在编写过程中只能选取项目研究中部分典型评价案例。本书希望能抛砖引玉，引起更多的同行来关注湿地生态系统服务价值评价。期望通过本书的出版，也让公众了解湿地生态系统功能和价值，为未来湿地生态补偿提供依据，为国家湿地保护工作提供理论和技术支持。

本书凝聚了项目人员的汗水，是所有参加人员智慧的结晶。本书在完成的过程中还参考和引用了一些同行已经发表的相关论述与成果，在此一并表示感谢。